从零开始学做
视频剪辑

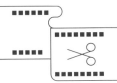

赵辛睿◎编著

北京时代华文书局

图书在版编目（CIP）数据

从零开始学做视频剪辑 / 赵辛睿编著. -- 北京：
北京时代华文书局，2021.7（2021.9重印）
ISBN 978-7-5699-4221-7

Ⅰ. ①从… Ⅱ. ①赵… Ⅲ. ①视频编辑软件－基本知识
Ⅳ. ①TP317.53

中国版本图书馆 CIP 数据核字（2021）第 104639 号

从零开始学做视频剪辑

CONG LING KAISHI XUE ZUO SHIPIN JIANJI

编　　著｜赵辛睿

出 版 人｜陈　涛
选题策划｜王　生
责任编辑｜周连杰
封面设计｜乔景香
责任印制｜刘　银

出版发行｜北京时代华文书局 http://www.bjsdsj.com.cn
　　　　　北京市东城区安定门外大街136号皇城国际大厦A座8楼
　　　　　邮编：100011　电话：010-64267955　64267677
印　　刷｜三河市祥达印刷包装有限公司　　电话：0316-3656589
　　　　　（如发现印装质量问题，请与印刷厂联系调换）
开　　本｜710mm×1000mm　1/16　印　张｜14　字　数｜180千字
版　　次｜2021 年 7 月第 1 版　　印　次｜2021 年 9 月第 2 次印刷
书　　号｜ISBN 978-7-5699-4221-7
定　　价｜108.00元

前　言
ntroduction

轻松剪出吸赞大片

如果要问现在能够集热门与新兴于一体的技能是什么，应该非视频剪辑莫属了，尤其是在强大的剪辑能力下创作出来的短视频，往往可以获得数以万计的关注量，吸引数以万计的粉丝点赞，甚至可以成为一种有效的获利途径。

不可否认，随着各大短视频平台各种爆款视频的频现，吸引着越来越多的人跃跃欲试。然而，其中又有大部分人因为没有接触过视频剪辑，对于视频如何优化一头雾水。

列举一个很普通的案例——我们在发布短视频的时候，基本都会配上与视频主题相关的背景音乐，一旦素材库中没有找到合适的音乐素材，第一时间通常会想到从网络上去下载，再导入本地素材库，或者需要重新录音才能进行添加，结果导致只是几分钟添加背景音乐的工作浪费了几个小时的时间。

殊不知，现在很多视频剪辑软件都带有非常便捷的功能。仅以 PC 端剪映专业版来说，如果想要添加网络音乐，无需下载，更不需要导入本地素材库或者录音，只要复制音乐链接，一键即可完成加载。

当然，这些视频剪辑软件在实用、方便、快速的优势基础上，带来的必然也会是优质的视频作品。换句话说，吸赞大片也可以轻松创作。

或许有人又会"碎碎念"："可是我不懂剪映，不会使用快剪，不知道什么是 AE，不了解视频剪辑的操作流程和注意事项，怎么可能剪出大片呢？"

其实，这也是笔者努力撰写本书的初衷，旨在撰写一部融合实用性与适用性于一体的教材，让所有刚刚接触视频剪辑的初学者、已经有一些视频剪辑经验的爱好者，以及已经熟练掌握视频剪辑技能的创作者，都能轻松掌握并进一步了解更多的视频剪辑的相关知识。尤其是对抖音、快手等短视频平台虎视眈眈的人群，本书不仅可以让大家知道、了解视频剪辑，更是让大家通过本书学到、学会、学精视频剪辑的各种技能，并通过 PC 端剪映专业版和手机端剪映 APP 相结合的例证方式，让大家掌握能够应用于各大短视频平台的视频剪辑能力。

所以，本书内容做了如下安排：首先，对视频剪辑的变现模式进行了概述，让大家明白视频剪辑不仅是一种技能，而且也是一种获利渠道，是一条可以依靠其生存发展的途径；其次，从视频剪辑的操作流程和内容方面进行了概述，大家通过这一部分内容可以深入了解视频剪辑的逻辑、结构、核心、特征以及注意事项等，有助于后期剪辑视频时稳扎稳打；再次，我们节选了几款使用比较灵活、高效的视频剪辑软件，分别对其优缺点进行了客观全面的分析，可以帮助大家在选择视频剪辑工具时有的放矢；最后，由于每一款视频剪辑软件的功能各有不同，我们不得不结合当下比较火爆的抖音旗下的 PC 端剪映专业版和手机端剪映 APP 为讲述工具，分别对视频剪辑过程中的基础设置、素材处理、画面调整、转场设置、蒙版操作、文字添加、音频选用、特效制作，采用图文并茂的方式，并结合各阶段读者的实际情况，在实例运用与讲述方式上通俗化、致用化，做到了让每一个读者都能够轻松理解、快速掌握。

可以说，本书的每一个章节、每一段文字都做了仔细的策划，即便是以剪映为视频剪辑工具，也是从理性和客观的角度出发，让大家可以轻松做到举一反三，而不局限于剪映。

与此同时，为了真正达到帮助每一个读者做到轻松剪出吸赞大片的目的，本书附加了视频讲解课程。大家不仅可以通过观看视频辅助学习，还可以跟随视频教程模拟、练习，熟能生巧指日可待。

这一页到此就要与大家告别了，但是翻过此页，笔者相信每一个读者都会有更多的收获，遇见更多的惊喜。

目 录
Contents

第六章 用剪映进行画面调整 / 094

第一章

视频剪辑的三种变现模式

当一个人赋闲在家时，你能想到的他最有可能在做的事情是什么？

当一个人工作不忙时，你能想到的他最有可能在做的事情是什么？

当一个人等车吃饭时，你能想到的他最有可能在做的事情是什么？

我们相信大家的答案会不约而同地选择"刷短视频"。

从纵向层面来对比，短视频相比文字更容易理解，相比图片视觉效果更佳；从横向层面来对比，短视频相比媒体报纸更容易传播，相比电影、电视剧更节省时间。

可以毫不夸张地说，新媒体短视频时代已经悄然而至，诸如快手、抖音、微视等 APP 已经深入人们的生活，甚至在改变着人们的生活。

然而，短视频成为大众文化传播的主要方式之一的前提是品质高、内容好，而满足这个前提的条件是创作者必须具备强大的视频剪辑能力。这种能力不仅是推动视频广为传播的助力，也是一种比较自由且轻松的变现方式。

做短视频剪辑 20 天，成功变现 20 万，早已不是天方夜谭，已经有太多的人通过视频剪辑尝到了财务自由的甜头。例如，平台补贴、广告植入、电商需求、粉丝打赏等，都是对强大的视频剪辑能力的一种"有利"证明。

1.1 平台补贴变现

经过剪辑达到优质标准的短视频，不仅是大众喜欢的作品，也是各短视频平台相互争抢的宝贵资源。有些短视频平台甚至不惜抛出具有强大诱惑力的橄榄枝，让更多的优秀视频剪辑创作者入驻自己的平台。

对于视频剪辑创作者来说，通过在各短视频平台发布优质的短视频，只要达到平台规定的标准，就可以获得平台补贴。

可以说，平台补贴是视频剪辑最直接、最可靠的一种变现方式。然而，由于各平台的补贴方式、标准等不同，所以我们必须对其有所了解，找到合适的平台，才能将收益最大化。

1.1.1 微视平台补贴变现模式

微视是腾讯旗下的短视频创作平台与分享社区，用户不仅可以在微视上浏览各种短视频，同时还可以通过创作短视频来分享自己的所见所闻。

与此同时，微视也是相对其他短视频平台补贴力度比较大的平台之一。微视是以有效播放量为补贴标准，而且针对不同的创作达人有不同的补贴制度。

针对微视独家认证达人，只要一个自然月内的有效播放量达到万次，每条短视频每万次奖励 20 元；如果一条视频从发布时间开始算起，累计 90 天的有效播放量可以达到 200 万次，可以获得 4000 元的最高奖励。除此之外，微视平台还会综合考核所有微视独家认证达人在每个自然月内发布的有效播放量最高的视频，前 30 条可获得最高 12 万元的奖励。

针对微视原创认证达人，微视平台的补贴有所降低，只有微视独家认证达人的一半。例如，只要一个自然月内的有效播放量达到万次，每条短视频每万次奖励 10 元；如果一条视频从发布时间开始算起，累计 90 天的有效播放量可以达到 200 万次，可以获得 2000 元的最高奖励。除此之外，微视平台还会综合考核所有微视原创认证达人在每个自然月内发布的有效播放量最高的视频，前 30 条可获得最高 6 万元的奖励。

这里提到了一个关键词"有效播放量"，它不是指一条短视频在微视中的播放量，而是包括腾讯旗下的几乎所有的平台，如微视、天天快报、腾讯新闻、腾讯视频、QQ 空间、QQ 浏览器、微信看一看、QQ 看点等，将这些平台的所有有效播放量进行综合计算，这就大大提高了短视频的曝光率和创作者的回报率。

微视平台补贴的发放时间也是很快的，一般在发布视频的第二个月月末进行补贴收益的核算，在发布视频的第三个月的中旬开始发放，月底前基本都会全部发放。

值得注意的是，微视平台补贴发放的流程是比较烦琐的。无论是微视独家认证达人的收益，还是微视原创认证达人的收益，都是经由达人加入的机构发放。因为微视平台只对接机构，所以这也就造成了一些投机者有机可乘，欺骗一些创作达人加入他们的机构，而他们在获得平台补贴后，卷钱跑路。因此，想要通过微视平台获得补贴的创作者，应该多加注意虚假机构的陷阱。

1.1.2　抖音平台补贴变现模式

抖音平台的补贴方式是完成抖音发布的全民任务，与微视平台的发布视频考核有效播放量进行补贴的方式有所不同。

全民任务是抖音旗下用户原创内容轻量化分享、变现的渠道，鼓励大家通过短视频方式分享生活。如果我们创作的视频内容从标题到主题上都可以满足品牌发布的任务要求，抖音平台便会对于符合要求的视频按照播放量、互动量（点赞、评论、转发）等维度选择优质视频，提供现金、流量等形式奖励。

我们可以打开抖音 APP，在搜索栏中搜索"全民任务小助手"，在弹出的界面中点击"立即参与"，在弹出的任务列表中可以选择自己想要参与的任务。如图 1-1、图 1-2 所示。

我们以"秀出爱的打卡地"为例，点击进入之后，即可看到示例视频、任务要求、可选要求、规则说明、平台声明。然后，点击下面的"立即参与"即可进入拍摄界面。如图 1-3 所示。

图 1-1　搜索"全民任务小助手"

图 1-2　任务列表

图 1-3　立即参与

可以说，大部分短视频平台都有补贴，这也是它们吸引创作者的手段之一。除了我们上述的微视、抖音之外，快手、百家号、头条、知乎、大鱼、全民短视频等平台都可以为发布视频的创作者提供奖励补贴，我们可以依据自己的剪辑风格选择合适的平台。

虽然每个平台的补贴模式可能会有所不同，但大部分平台是以发布剪辑类的视频获得的有效播放量为基础进行考核。其实，无论平台的补贴模式如何变化，都离不开一个核心，即视频的质量是第一。

1.2　广告变现

在视频剪辑的变现模式中，广告变现是一种被创作者广泛认可的方式。因为短视频针对的用户群体不仅量大，而且相对比较年轻，再加上短视频的多种表现形式，使得大量广告主趋之若鹜。从另一个层面来说，这也为视频剪辑创作者提供了更多的变现机会，因此也是创作者比较青睐的。

然而，广告变现中的首得利益者却是短视频平台。其借助自身庞大的用户群体，通过"时间收割机"模式大量发布信息流广告，进而赚了个盆满钵满。尤其是抖音平台，早在几年前就曾依靠信息流广告实现收入近百亿元。

对于短视频的创作者来说，这一块蛋糕是无法瓜分的，只能依靠软广告与硬广告两种方式实现盈利。但是不要小看这两种变现模式，对于一些优质的视频内容来说，一条广告的价格也可以达到几万元，是相当可观的。

1.2.1　软广告

软广告即植入软性广告，这种方式获得的利益短视频平台往往看不到眼里，所以这一块利润可以完全归于短视频创作者。在植入形式上，通常是将广告信息通过与视频内容高度契合，或者展露品牌、植入剧情等方式，潜移默化地将商品信息等进行推广传播。

想要在短视频中通过植入软广告的方式变现，需要具备三个特性，即巧妙性、迂回性、隐蔽性，使受众人群甘愿接受，并且无从察觉。

1.2.2 硬广告

硬广告与软广告是相对的，也可以称为"随片广告""贴片广告""显性广告"，是指在短视频播放之前先播放品牌广告。但这种前置随片广告的方式基本都是短视频平台在做，所以创作者可以做的是后置随片广告，是随片广告的"变体"模式，但从效果上来说，尤其是从变现程度而言，也是比较乐观的。

1.3 电商变现

相信每个人对"电商"这个概念都比较熟悉了，即电子商务——通过网络平台进行交易，从而实现盈利。知道了这一点，那么对于电商变现也就不难理解了。

电商变现其实就是指视频剪辑创作者借用短视频推广、宣传自己的商品，引导消费者进入自己的网络门店，一旦成交便会实现盈利。

这也就是说，想要通过电商变现，除了要拥有强大的视频剪辑能力，还要有自己的门店，否则无法实现交易。当然，这个门店可以是我们在发布短视频的平台上开设的门店，也可以是其他电商平台上的门店，比如淘宝店铺。

下面我们以抖音为例，讲述一下如何开设门店。

首先，打开手机端抖音 APP，点击"我"，再点击右上角的三条横线，在弹出的界面中点击"创作者服务中心"。如图 1-4 所示。

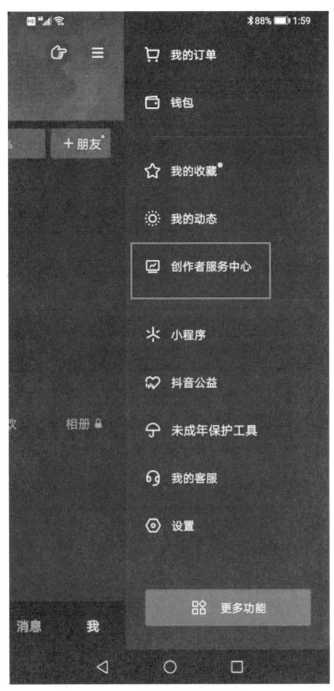

图 1-4　创作者服务中心选项

　　在创作者服务中心界面的最下方，点击"开通抖音门店"。当界面跳转后，点击"立即免费认领门店"，接受授权的账号绑定，同意并遵守《抖音试用及普通企业号服务协议》。点击"0 元试用企业号"后，在"开通企业号"点击"去认证"，按照信息提示填写完成后，点击下方的提交即可。如图 1-5、图 1-6、图 1-7、图 1-8 所示。

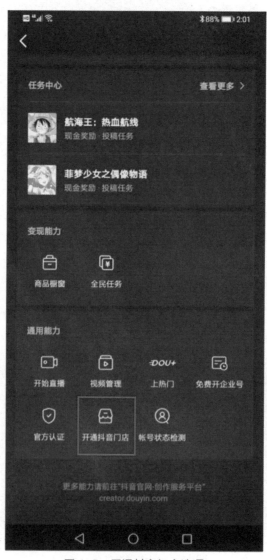

图 1-5　开通抖音门店选项

图 1-6　立即免费认领门店

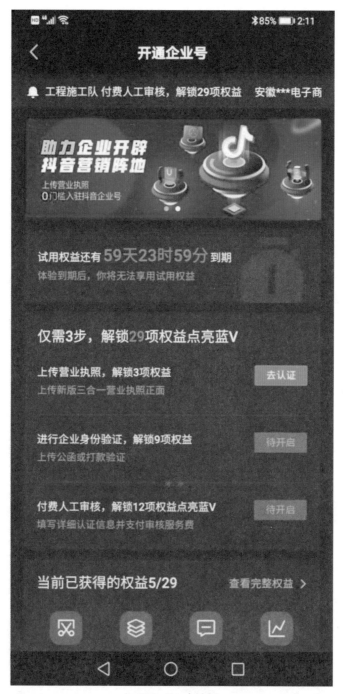

图 1-7　去认证

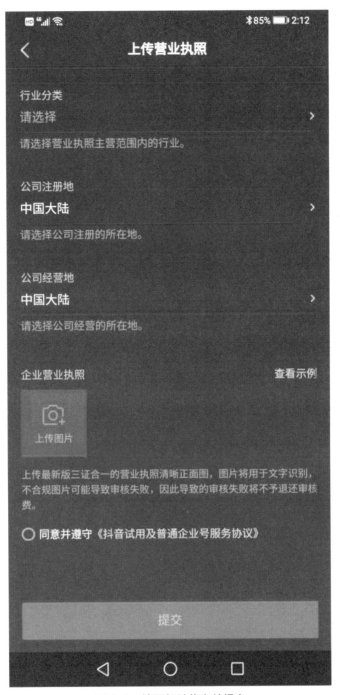

图 1-8 填写相关信息并提交

需要注意的是，开设抖音门店只是电商变现的第一步，因为想要推销自己门店的商品，还需要开通购物车。虽然抖音对于开通购物车的条件不再以考核粉丝量为标准，但是至少需要发布 10 条视频 + 实名认证，才可以在后台申请橱窗和购物车功能。

其实，除了自己开设门店可以实现电商变现外，我们也可以通过推销别人的店铺中的商品，以赚取佣金的方式实现电商变现。相对来说，这种方式比较适合刚开始做视频剪辑的创作者。

综合以上几种视频剪辑的变现模式，无论是平台补贴变现，还是广告变现、电商变现，抑或是其他的打赏变现、直播变现、知识变现，其实归根结底都可以统称为"粉丝变现"。因为上述的任何一种变现模式，如果没有粉丝的支持，就不会有浏览量、播放量，所以说粉丝是一切变现模式实现的基础，而吸引粉丝的前提则是优质的视频内容。

当然，有人也许会说，粉丝变现便是一种更快速的盈利方式。不可否认，"卖粉"这种变现模式的确简单、粗暴，却不是长久之计。准确地说，这是一锤子买卖，想要实现持续收入和长远发展的创作者应该尽量规避这种盈利方式。

第二章

视频剪辑概况

在短视频的火爆程度成为有目共睹的事实后，越来越多的人想要通过视频剪辑实现变现，或者积攒更多的流量。然而，如果我们在不了解视频剪辑的情况下，贸然去抢夺一块蛋糕，反而会成为出局者。

2.1 视频剪辑流程概况

一切事物的发展都需要遵循一定的规律进行，视频剪辑也不例外，必须按照一定的流程操作才能让视频的呈现效果更佳。而粗剪与精剪就是视频剪辑的步骤，一般需要先进行粗剪，再进行精剪。

2.1.1 粗剪

什么是粗剪？通俗来说就是经过简单剪辑后能够形成一个完整的视频框架即可。

如果从专业角度来说，则可以通过两个层面来解读：一是拥有剧本的情况下，粗剪指的是必须按照剧本的逻辑顺序，将每一个视频片段进行先后组合，使剧本的故事情节基本可以呈现，中间不会有遗漏和缺陷，通常适用于电影和电视剧的后期剪辑；二是没有剧本的情况下，粗剪是指删减多余的、无用的视频片段，而把有看点的、精彩的、吸引人的视频片段最大化地保留下来，并将留下的视频片段串成一个完整的故事。粗剪不做任何特效的处理，通常适用于利用手机、相机等拍摄的视频的后期剪辑，是短视频拍摄爱好者经常使用的剪辑方法。

粗剪也是有流程步骤的。一般来说需要先整理素材，根据自己想要表达、传播、体现的情景，划分重点，删减素材，排列素材。

其次，搭建整个视频的结构，主要目的是厘清逻辑思路，搭建前后场，选出主镜头，以及把比较好的片段放在片头。

最后，需要整体进行检查，查看一遍粗剪的视频是否连贯，以及是否还有需要增加的素材，并进一步完善。

通常而言，粗剪后的视频时长会比原视频时长长一些，增加的长度控制在 15% 左右即可。

2.1.2 精剪

精剪与粗剪相对，但也是对粗剪的进一步检验、加工、处理，是基于粗剪后的视频，再对每个视频片段进行更加细致化的剪辑，包括每个视频片段时长的裁剪、整个视频特效的添加、背景音乐的铺设、每个剪切点的选择，整个视频转场效果的处理，以及人物形象、画面比例、人物声音等的处理。

可以说，精剪后的视频已经经历了反复的修缮，形成了想要表达的风格，是可以发布的成片了。

由此可以看出，精剪相比粗剪更烦琐，必须一步一步操作，不可能一次成型。

第一步，检查并确定结构和节奏。

在粗剪过程中已经对视频的结构和节奏做出了大概的搭建，而在精剪时必须首先对结构和节奏进行确认。这就好比一本图书的大纲，如果大纲出错了，后面的内容无论多么精彩，都是徒劳的。

第二步，素材的重新删减与增加。

这一步是对所有粗剪过程中保留下来的素材进行检验，结合想要表达的主题，将跑题的、堆砌的、相同的视频素材全部删除，同时将粗剪过程中误删的、遗漏的、与主题密切相关的视频素材及时添加进来。

如果一段视频中存在太多偏离主题的片段，往往会让观看者摸不着头脑，严重影响视频质量和传播效果。

第三步，整体效果处理。

确定视频的整体脉络无误后，则需要为视频搭配背景音乐，并根据音乐的节奏踩点调整画面与添加特效画面等，将整体需要的转场、声音、字幕进行剪接，合进视频中。

这一步可以看作是对整体视频效果的升华处理，是决定视频质量的关键一步。

第四步，内部渲染把控。

把控内部渲染，主要是对空场、黑场、闪帧、跳帧、无声、怪声、音量忽大忽小、错字病句等进行最后的查验，需要对每一个细节认真检查。

至此，精剪基本告一段落，可以生成出片了。

实际操作过程中，可能会因为每个人剪辑习惯的不同，出现不同的粗剪与精剪的标准，比如音效的添加，有的人可能喜欢抒情，有的人可能偏爱动感，但从粗剪到精剪的流程是不会改变的。

2.2　视频剪辑内容概况

一段没有内容，或者是内容质量低下的视频，就像是一个没有灵魂的人，是不完整的，是没有自信的。这样的视频不仅没有吸引力，甚至还会被平台封杀，被观众抵触。可以说，对于视频内容剪辑的好坏，关系到视频的传播力、影响力、吸引力、变现力。

内容犹如视频的双脚，越有力，走得越远。

2.2.1　不做"标题党"

无论打开抖音，还是点开快手，一旦映入眼帘的是一些以"震惊""万万没想到"等为标题的视频，我们是不是马上会跳过去，或者感觉是在骗人，让人无比反感。

其实，这就是标题党想通过夸张的手法博得眼球，但视频内容与标题却没有任何联系，具有不现实、不客观、不健康的特征。

大部分的短视频平台早已开始严格管控这种现象，甚至有一些平台已经对数千个利用标题诱导点击量的账号实施了封禁。

当然，这并不是说标题不重要，或者是视频不需要标题，而是需要我们用心去拟好每一个标题，拒绝给观众造成精神侵蚀。

通常，我们可以通过如何调动观众的好奇心为依据进行拟题，而能够勾起观众好奇心的方法一般是设定疑问或者反问，也就是将标题做成疑问句或者反问句。例如，"您今天打卡了吗？"或者"您今天没有打卡？"但是需要把握一个度，即无论我们采用的是疑问式标题还是反问式标题，都必须严格从内容出发进行提炼，一旦偏离内容也就与标题党无异了。

除此之外，也可以多利用一些比喻、拟人、对偶的写作方法拟题，只要切合实际，能够引起观看者的共鸣，具有强烈的代入感，必然会得到更多的认同。

2.2.2 定位要精准

视频剪辑爱好者想要让自己的剪辑成果具有更大的影响力，吸引更多的粉丝，更加容易变现，做好定位也非常重要。

定位决定了我们的客户群体，决定了我们的市场环境，决定了我们的发展前景，决定了我们的变现潜力。

在这个争夺碎片化时间的时代，谁赢得了注意力谁就占得了先机。及时、有效、准确地定位有助于我们对目标客户群体的行为特征、消费习惯、生活特性进行主动了解；有助于我们对目标客户群体进行主动影响、吸引；有助于我们降低变现成本以及优化变现模式。

那么，具体应该如何进行定位呢？

第一种定位方式是以始为终，即先做内容（但不限于一种风格的内容），通过优质内容吸引粉丝，分析不同内容的粉丝关注度以及数量等，找到目标客户群体，进而确定商品，选择此类商品销量较好的平台。

第二种定位方式是以终为始，即先选择流量大的平台，再根据平台环境确定商品，根据商品特性确定目标客户群体，推导目标客户群体喜欢的内容，最后开始制作内容。

无论是第一种定位方式，还是第二种定位方式，都包含内容定位、客户定位、产品定位、平台定位。不同的是，第一种定位方式的逻辑是：内容定位→客户定位→产品定位→平台定位；第二种定位方式的逻辑是：平台定位→产品定位→客户定位→内容定位。

内容定位，即我们想要传播的价值是什么，或者说我们可以为观众营造什么样的体验感，让观众通过观看我们的视频，可以从中收获什么，学到什么。所以说，内容的定位可以是一种知识、一种技能，也可以是一段回忆、一个道理，总之就是以实用性为主。

客户定位，即我们的视频内容想要给谁看，这些人是否有大量的碎片化时间关注我们的内容，他们是否还可以起到二次甚至是多次传播的作用。换句话说，客户定位就是找到可以传播和扩大影响力的人群，而不是某个人，并且这类人群具有一定的消费能力。

产品定位，即我们选择的商品是否可以满足目标客户群体的需求，是否可以为他们带来价值，至少可以对其精神或者物质层面起到帮助。也就是说，产品定位取决于目标客户群体的需求程度。目标客户群体对某种商品的需求性越大，那么这种商品就越有可能成为"爆品"。

平台定位，即哪一个平台所划分的不同内容的领域内有我们擅长的，而且是我们有兴趣去长期做的，同时这个领域内的粉丝数量大、消费能力比较强、传播与影响力比较广。简而言之，平台定位就是要找到自己喜欢的，而且也是目标客户群体比较喜欢和关注的领域。

当短视频时代袭来，定位将决定我们是下一个"网红"，还是下一个被淘汰者。

2.2.3 画质要清晰

没有谁愿意对着模糊的画面多看一分钟，不仅看不清内容，也是对眼睛的一种伤害。相反，视频画面质量越高、越清晰，大家观看的兴致越高。

一般而言，影响画质的因素主要包括码率、帧率、分辨率。

码率也叫比特率，是指一秒钟视频片段内的数据量，是影响画质的重要参数之一。码率与视频的画质以及大小是一种正比关系，即码率越大，画质越高，视频越大。我们也可以这样理解，随着码率的增大，视频的内容越丰富，细节的展现越细致，所以画面的质量就会越高，越清晰。

分辨率是指视频画面中像素点的数量，是对视频画面精细程度的调整参数，但并不是说分辨率越高，画面的清晰度越高。因为分辨率对画质的影响，还取决于流畅度以及显示屏幕的大小。一般在流畅度和显示屏幕不变的情况下，分辨率才与画质成正比。

帧率决定的是视频的画面是否流畅。然而，由于帧率一般都是固定的标准，所以对视频画面的质量影响其实并不大，即便我们选择不同的标准，比如 PAL 或者是 NTSC，也是能够保证视频的流畅度的。可以说，在不低于 24 帧 / 秒的情况下，人们的视觉是不会感受到视频的播放画面是存在顿挫感的。

由此可见，只要我们在视频剪辑过程中，把控好码率和分辨率，同时选择科学的、有效的帧率，就可以保证视频的画质。

2.2.4 视频要原创

当"风口"已经彻底偏向短视频领域后，各大短视频平台更是百花齐放，争夺原创视频的创作者的竞争愈演愈烈。但对于很多视频剪辑爱好者来说，却是被弄得晕头转向，因为有些创作者只发了一个视频，就通过了平台的原创审核，而有些创作者频频发布自认为是原创的视频作品，依然被拒之门外。

到底什么是原创视频？为什么有些视频可以通过原创的关卡，而有些视频却被认为是抄袭呢？

其实，原创视频并不是我们所认为的只要是自己通过手机等拍摄设备拍摄的视频。如果我们自己拍摄了一段视频，但是发布的主题却和别人不谋而合，也会被误认为是搬运。同时，即便有一些视频不是我们自己拍摄的，而是截取的某个影视片段，但是我们有自己的见解，有自己的思路，有自己的观点，而且属于正能量的传播，那么也可以被看作是原创。

想要做好原创，首先就要避开别人占领的领域。如果别人占据的领域粉丝多、变现快，自己想要分一杯羹，那么就要细化、垂直。如果做不到这一点，很可能会被认为是剽窃。例如，在美食领域，可以将其细分成多个不同的小领域，从中找到适合自己的空白点。

其次，增加真实感，也就是能够让观众切身体会到我们所拍摄的视频是自己亲身实践的，而不是道听途说。例如，我们对一处景物的拍摄，除了有景物的画面外，自己也可以置身其中，现身说法，从而提高真实性，往往更容易获得观众的认可。

2.2.5　蹭热点要谨慎

蹭热点似乎已经成为短视频博取关注的常规做法，但需要注意的是，蹭对了一切安好，蹭不对往往是得不偿失。所以说，蹭热点也要讲究一个度——应该蹭什么热点、如何蹭热点？

首先，我们需要寻找大众真正关心的热点，比如与大众切身利益相关的热点，往往是相关的程度越大，越容易获得关注度。如果可以通过一些数据或者排行榜来界定的话，那么抖音的话题榜、百度的新闻榜、微博的热搜等，都可以为我们提供一些与大众密切相关的热点。

其次，可以寻找一些影响力比较大的热点，如知名度很大的某个人物、团体、公司、事件等。从人的本性来说，对于一些自己知道的但并不了解的知名事物，往往会在内心深处藏有一种潜在的关注度，一旦这些知名事物成为热点，便会激发他们心中强烈的求知欲望。这也是因为那些知名事物在潜移默化中影响了我们的生活和工作，让我们不得不对其产生好奇。

其实，热点从不同的层面可以分为季节性热点、行业热点、社会热点等。无论哪种热点，只要遵循上面提到的原则和方法，就可以放大热点的价值。

第三章

视频剪辑准备

当越来越多的人开始喜欢拍视频，喜欢用视频记录生活与工作中的点点滴滴的时候，一个潜在的问题也出现了——如何才能让自己拍摄的视频变得更精彩、更生动、更引人注目？

而要解决这个问题，自然脱离不了对视频进行加工，通过视频剪辑软件择优而取。所以，视频剪辑软件便是我们更好地记录生活的首要准备工作。

3.1 选择合适的视频剪辑软件

无论是 PC 端的各种视频剪辑软件，还是手机端的各类视频剪辑 APP，可谓各有千秋。如图 3-1、图 3-2 所示。

我们通过各种视频平台也看到了很多人利用一些视频剪辑软件剪辑出了大量带有烟火气的、富有情怀的小视频，有的让人感动、有的让人向往、有的让人开怀……

遗憾的是，也有很多人在实际使用这些视频剪辑软件的过程中，效果并不理想。究其原因，不外乎没有选对适合自己的视频剪辑软件，获得了南辕北辙的结果。下面，我们就针对日常中使用比较多的几款视频剪辑软件进行全面剖析，从而让大家看清楚它们的真实面目，找到自己的"梦中人"——一款上手快、门槛低、效果佳的视频剪辑软件。

蜜蜂剪辑2021
- 版本：　正式版1.6.6.26
- 大小：　1.79MB
- 系统：　Win版

↓ 立即下载

金舟视频分割合并软件
- 版本：　正式版2.5.7.0
- 大小：　48.52KB
- 系统：　Win版

↓ 立即下载

曼拍剪辑
- 版本：　正式版1.2.7.0
- 大小：　623KB
- 系统：　Win版

↓ 立即下载

迅捷视频剪辑软件
- 版本：　正式版1.9.0.2
- 大小：　2.04MB
- 系统：　Win版

↓ 立即下载

曼拍剪辑大师
- 版本：　正式版1.2.7.0
- 大小：　659KB
- 系统：　Win版

↓ 立即下载

金舟视频压缩软件
- 版本：　正式版2.5.7.0
- 大小：　45.90MB
- 系统：　Win版

↓ 立即下载

喵影工厂
- 版本：　正式版3.2.7.2
- 大小：　956KB
- 系统：　Win版　　…

↓ 立即下载

曼拍录屏大师
- 版本：　正式版1.2.7.0
- 大小：　659KB
- 系统：　Win版

↓ 立即下载

智动剪剪
- 版本：　正式版5.3 202…
- 大小：　44.9MB
- 系统：　Win版

↓ 立即下载

视频转换王
- 版本：　正式版4.8.5.10
- 大小：　1.72MB
- 系统：　Win版

↓ 立即下载

曼剪辑2021最新版
- 版本：　正式版3.5.0.25…
- 大小：　1.68MB
- 系统：　Win版

↓ 立即下载

视频编辑王
- 版本：　正式版1.6.6.29
- 大小：　1.8MB
- 系统：　Win版

↓ 立即下载

剪辑师
- 版本：　正式版1.7.0.807
- 大小：　114.23MB
- 系统：　Win版

↓ 立即下载

V
VEGAS Pro 18
- 版本：　正式版18.0.0.3…
- 大小：　622.64MB
- 系统：　Win版

↓ 立即下载

MKVToolnix
- 版本：　正式版42.0.0
- 大小：　63.19MB
- 系统：　Win版

↓ 立即下载

艾奇KTV电子相册视频制…
- 版本：　正式版6.50.61…
- 大小：　35.5MB
- 系统：　Win版

↓ 立即下载

快剪辑
- 版本：　正式版1.2.0.41…
- 大小：　81.7MB
- 系统：　Win版

↓ 立即下载

AviDemux
- 版本：　正式版2.7.6.0
- 大小：　37.32MB
- 系统：　Win版

↓ 立即下载

C
Camtasia
- 版本：　正式版20.0.10…
- 大小：　515.52MB
- 系统：　Win版

↓ 立即下载

金舟录屏大师
- 版本：　正式版3.2.8.0
- 大小：　43.9MB
- 系统：　Win版

↓ 立即下载

图 3-1　PC 端的各种视频剪辑软件

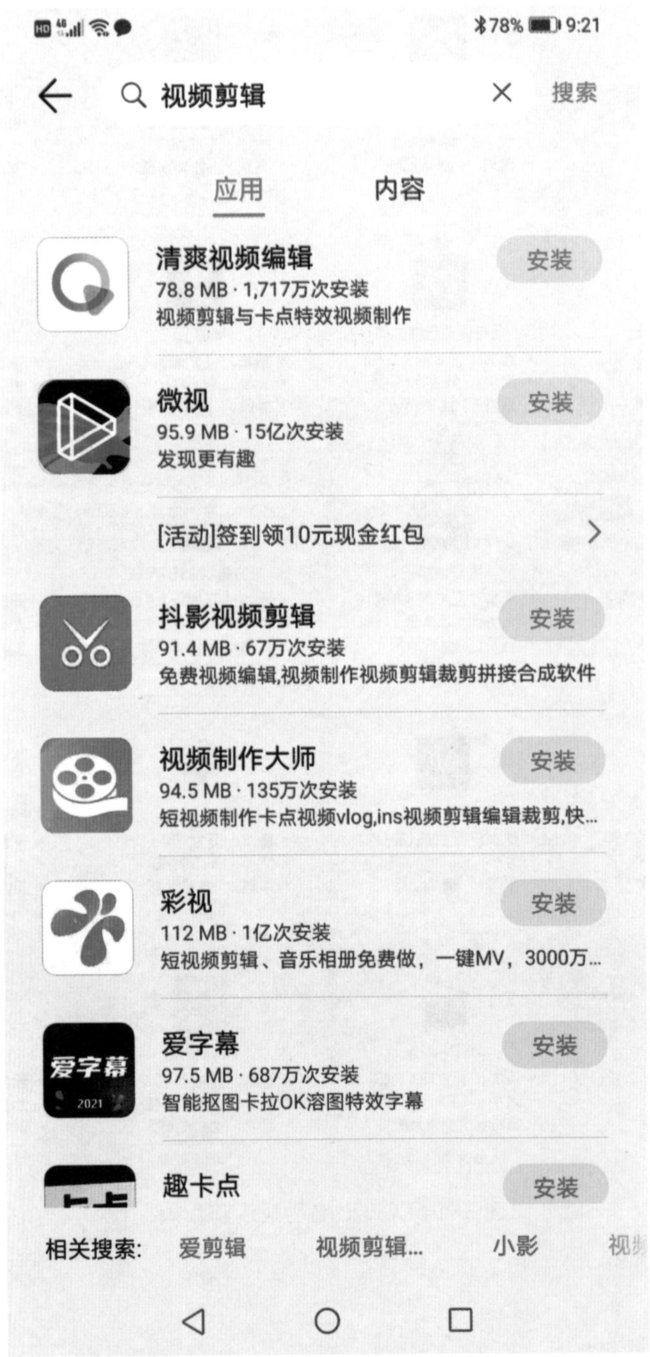

图 3-2　手机端的各种视频剪辑 APP

　剪映：网红爆款视频轻松 get

相信很多玩抖音的人对剪映并不陌生，可以说抖音上面的很多视频都是通过剪映剪辑而来的。如图 3-3 所示。

图 3-3　剪映 logo

虽然剪映问世的时间不长，是于 2019 年的上半年由抖音官方正式推出的一款手机端视频剪辑 APP，但一经问世就受到了人们的青睐。这一点我们完全可以通过极光 APP 的一组调查数据可见一斑。如图 3-4 所示。

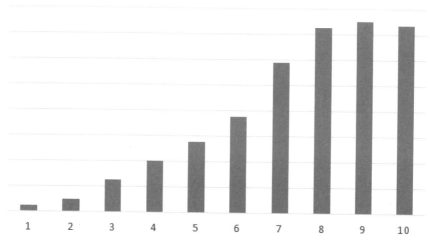

图 3-4　剪映从 2019 年 8 月至 2020 年 5 月的月活跃用户数量

从图 3-4 可以看出，剪映的月活跃用户数量的复合增长率高达 80% 以上，而且细分用户群体的话，女性用户几乎占到了 60%。

或许有人会认为剪映的被接受程度之所以这么高，是因为蹭了抖音的热度。其实，对于这一点，的确存在或多或少的原因，但剪映这么受欢迎也是源于其自身强大的功能特征。如图 3-5 所示。

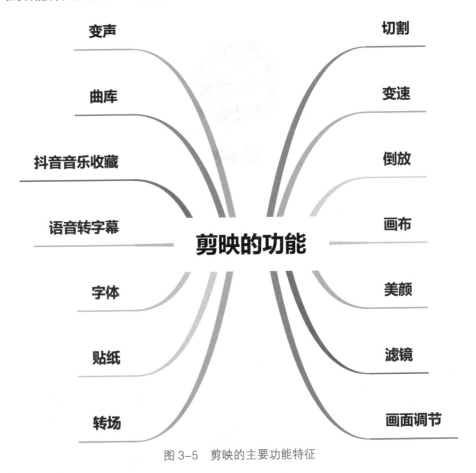

图 3-5　剪映的主要功能特征

例如，剪映所具有的可以实时更新的千种素材，为其构建了强大的素材数据库，除了音频、花字外，也有可以从不同角度满足需求的特效、滤镜，达到重塑视频的效果。更为重要的是，剪映是一款免费视频剪辑软件，而且兼容性高，可选择三档码率调整，最高支持 4K 视频分辨率和 60fps 视频帧率。

通过抖音平台我们也可以看出，剪映对于生活或工作，居家或旅行，人物或产品等视频记录都可以进行剪辑，尤其是对于一些自拍的视频，可以达到添加磨皮、瘦脸的效果，甚至有些抖音视频成了网红爆款。同时，随着 PC 端剪映专业版的诞生，其适用场景也得到了进一步扩大。

当然，剪映有其优点，也必然存在缺点。以 PC 端剪映专业版为例，导入视频的流程有些烦琐，必须先将视频导入电脑，才能进行剪辑，而不是直接从手机或者相机等设备导入；同时，不支持音视频录制和文本格式导入。

所以，对于一些有高要求的人群或者是专业剪辑视频的人群来说，剪映或许无法完全满足其需求，但剪映却是符合当下流行趋势，做抖音网红爆款短视频的不二之选。

3.1.2　InShot：最佳的视频剪辑软件

如果还有人记得 2019 年 2 月的 App Store "摄影与录像" 分榜单，那么对于 InShot 一定不陌生，因为它可是高居排行榜的第四位。如图 3-6 所示。

图 3-6　InShot logo

的确，InShot 作为一款用来修剪、剪切、合并视频的应用软件，以其全面的功能特征以及简单的操作流程赢得了广大视频剪辑爱好者的青睐，甚至有些视频剪辑小白也可以轻松操作，让视频内容更加丰富，有声且有色。如图 3-7 所示。

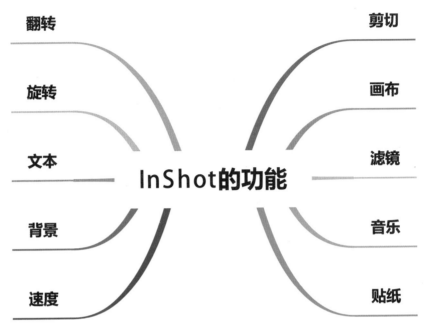

图 3-7　InShot 的主要功能特征

除此之外，InShot 还可以为视频和照片套一个边框、添加表情符号、输出高分辨率视频。尤其是 InShot 的贴纸和滤镜功能，不仅风格种类很多，而且可以实时更新符合当下节日和流行元素的贴纸，让我们可以轻而易举地做出视频特效。如图 3-8 所示。

图 3-8　InShot 的过滤器和效果

然而，InShot 不支持配音，而且只能做到 2× 的变速，不能改变视频的帧数，或多或少会影响清晰度；音效方面也是以国外流行音乐为主；在掐头去尾的时候，如果不小心剪辑了很多，也是无法撤回的；免费版虽然具有经济性，但是通常带有水印，需要增加一步删除的操作才能去除。整体来说，InShot 注重的是视频编辑，以修剪、分割、合并为主，比较适合进行多重分割的视频。

3.1.3 VUE Vlog：让精彩内容目不暇接

VUE Vlog 是一款视频记录社区与编辑工具，与其他视频剪辑工具一样具有丰富的功能，同时符合当下的流行趋势。如图 3-9、图 3-10 所示。

图 3-9 VUE Vlog logo

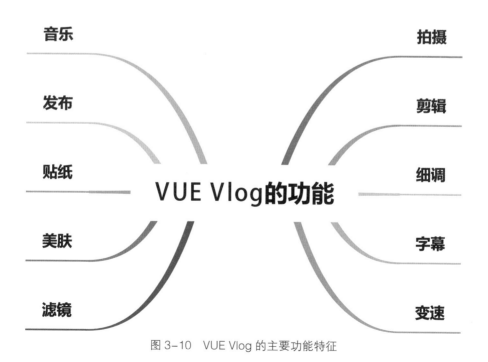

图 3-10 VUE Vlog 的主要功能特征

例如，在 VUE Vlog 里，提供了八种不同比例的画幅：9∶16、3∶4、6∶7、1∶1、圆形、4∶3、19∶9、2.39∶1。其中宽幅和超宽幅两个画幅基本达到了专业电影的画幅标准，可以保证剪辑出来的视频更具电影感。如图 3-11 所示。

除此之外，滤镜也有多种风格可选，如大都会、干马提尼、挪威的森林、拍立得、花儿与少年等。

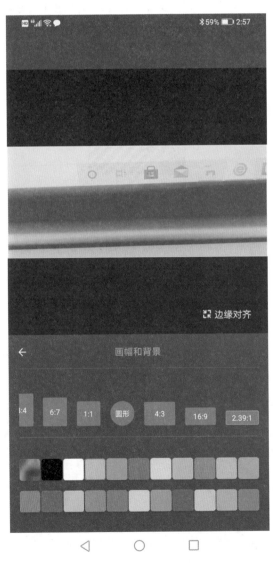

图 3-11　VUE Vlog 的画幅和背景

可能有些有心人已经注意到，在 VUE Vlog 里还有一个发布功能。其实，这也是 VUE Vlog 区别于其他视频剪辑软件的特征之一。因为 VUE Vlog 不仅允许用户通过简单的操作实现视频的拍摄、剪辑，还可以在社区发布自己的视频或者浏览他人发布的视频，甚至彼此之间可以交流互动。如图 3-12 所示。

图 3-12　VUE Vlog 的社区界面

可以说，在 VUE Vlog 的社区里兼具了吃喝玩乐，更富有趣味性。遗憾的是，VUE Vlog 的基本功能都是免费的，但是高级功能均需要充值会员才能够使用。综合而言，VUE Vlog 适合追求电影质感的视频剪辑爱好者。

3.1.4 快影：让视频剪辑更简单

快影是北京快手科技有限公司推出的一款兼具简单与实用功能的视频拍摄、剪辑软件。其本身不仅具有强大的视频剪辑功能，而且音乐库、音效库也非常丰富，尤其是不断推出的新式封面，让使用者可以轻松并快速地完成视频剪辑，同时不失趣味性、高端性。如图 3-13、图 3-14 所示。

图 3-13　快影 logo

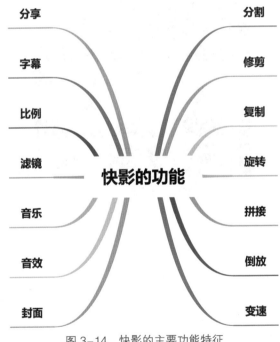

图 3-14　快影的主要功能特征

可以说，在快影里可以找到很多"支持"，如支持多段视频的间断性拍摄，支持拍摄时直接切换滤镜，支持拍摄时直接应用美颜，支持视频声音直接转文字等。在进行每一步操作的时候，都会看到清晰的义字图标提示，而且自带教程，大大降低了视频剪辑的难度。

同时，快影里可以直接使用的大量模板，也提升了用户体验感。尤其是在导出环节，还贴心地提供了视频大小和画面质量的选择项，可进一步提高视频的质感，使用户更有信心将作品分享上传到各大视频平台，一展自己的优秀作品。然而，导出时的视频往往会带有水印，需要刻意点一下"关闭水印"，这是快影唯一让人感到烦恼的地方。如图 3-15 所示。

图 3-15　快影的关闭水印

快影的适用人群或者适合剪辑的视频，其实在其官方网站上已经明确指出——快影是用户编辑搞笑段子、游戏和美食等视频的优质选择，特别适合用于30秒以上长视频制作。

3.2 下载与安装视频剪辑软件

通过对上述几款视频剪辑软件的简单介绍，大家应该已经有了大概的了解，但同时也会发现以上几款视频剪辑软件都不是专业的视频剪辑软件。这是因为我们在本章内容的开篇已经讲到，我们所介绍的视频剪辑软件是针对人们日常生活的，是人们在记录生活的点滴时普遍会用到的，更多的是针对一些短视频的剪辑，所以挑选的是简单易用的、比较主流的和免费的视频剪辑软件。

那么，这些视频剪辑软件具体应该如何操作呢？下面我们先从视频剪辑软件的下载与安装进行讲述。然而，由于每一款视频剪辑软件都有其独特的功能特征，我们不可能全部进行讲述，所以仅以相对来说使用人数较多、操作易上手的剪映为例进行本书的内容编辑，同时以 PC 端剪映专业版操作为主，以手机端剪映 APP 为辅。

PC 端剪映专业版的下载流程如下：

第一步，在浏览器中输入抖音的官方网址"https://www.douyin.com/"（以官方更新网址为准），并打开。如图 3-16 所示。

图 3-16　打开抖音官方网站

第二步，点击"相关业务"右侧的黑色小三角，再点击"系列产品"。如图 3-17 所示。

图 3-17 选择系列产品

第三步，下拉网页，找到剪映的图标，并点击。如图 3-18 所示。

图 3-18 剪映图标

第四步，点击完成后，网页会自动跳转到剪映的下载页面，点击"立即下载"即可。如图 3-19 所示。但要注意的是，确保我们的电脑配置是 Windows7 以上 64 位系统。具体配置情况如图 3-20 所示。

图 3-19 剪映下载页面

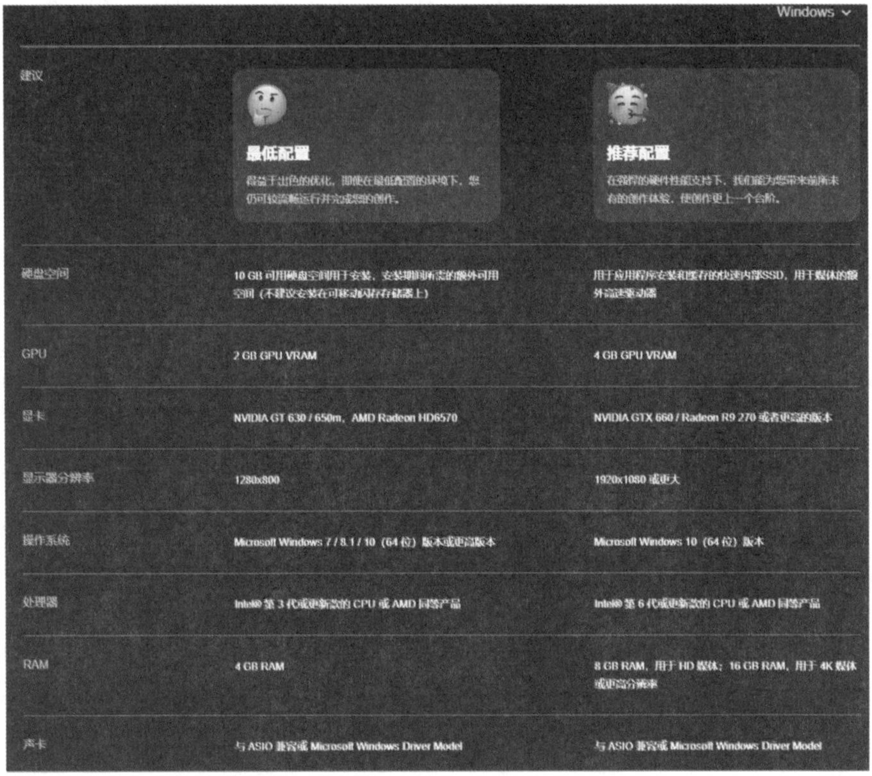

		Windows
建议	最低配置 得益于出色的优化，即使在最低配置的环境下，您仍可较流畅运行并完成您的创作。	推荐配置 在强悍的硬件性能支持下，我们能为您带来前所未有的创作体验，使创作更上一个台阶。
硬盘空间	10 GB 可用硬盘空间用于安装，安装期间所需的额外可用空间（不建议安装在可移动闪存存储器上）	用于应用程序安装和缓存的快速内部SSD，用于媒体的额外高速驱动器
GPU	2 GB GPU VRAM	4 GB GPU VRAM
显卡	NVIDIA GT 630 / 650m，AMD Radeon HD6570	NVIDIA GTX 660 / Radeon R9 270 或者更高的版本
显示器分辨率	1280x800	1920x1080 或更大
操作系统	Microsoft Windows 7 / 8.1 / 10（64 位）版本或更高版本	Microsoft Windows 10（64 位）版本
处理器	Intel® 第 3 代或更新款的 CPU 或 AMD 同等产品	Intel® 第 6 代或更新款的 CPU 或 AMD 同等产品
RAM	4 GB RAM	8 GB RAM，用于 HD 媒体；16 GB RAM，用于 4K 媒体或更高分辨率
声卡	与 ASIO 兼容或 Microsoft Windows Driver Model	与 ASIO 兼容或 Microsoft Windows Driver Model

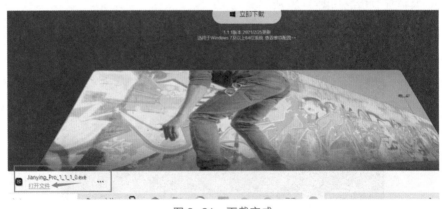

图 3-20　系统配置图

第五步，点击下载后，下载进度会出现在页面的左下角。下载完成后，点击“打开文件”即可进入安装阶段。如图 3-21 所示。

图 3-21　下载完成

PC 端剪映专业版的安装流程如下：

第一步，点击"打开文件"，会弹出一个"立即安装"的界面，勾选下面的"同意剪映专业版的用户许可协议及隐私政策"。如图 3-22 所示。

图 3-22 勾选相应选项

第二步，点击"更多操作"可以选择安装的路径。一般而言，应该避免安装在 C 盘，以免影响电脑设备的运行速度，可以选择安装在 C 盘之外的 D 盘等。如图 3-23 所示。

图 3-23 更多操作

第三步，点击"浏览"，选择合适的安装空间，至少要大于 326MB。如图 3-24
所示。

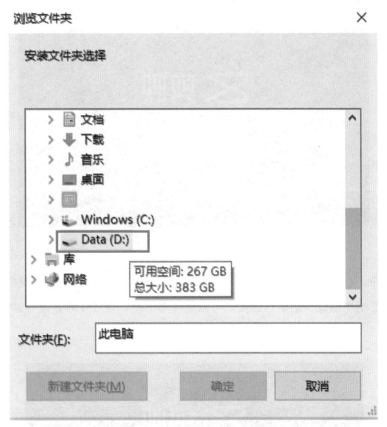

图 3-24　选择储存空间

第四步，选定储存空间后，下面有一个"创建桌面快捷方式"选项，如果不需
要，将"√"去掉即可。一般都是默认为创建桌面快捷方式，后期使用更方便。然
后，直接点击"立即安装"即可。如图 3-25 所示。

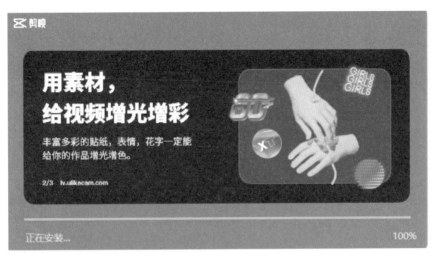

图 3-25　安装进度

第五步，安装完成后，会跳出立即体验的界面，可以选择点击"立即体验"，也可以关掉这个界面，通过桌面的快捷方式直接进入剪映的操作界面。如图 3-26、图 3-27 所示。

图 3-26　立即体验界面

图 3-27　剪映的桌面快捷打开图标

至此，PC 端剪映专业版的下载与安装便完成了。

第四章

剪映视频剪辑的设置与管理

在正式开始进行视频剪辑之前，对视频剪辑软件中的一些常规功能进行设置与管理，往往会在接下来的视频剪辑操作过程中起到事半功倍的效果。

4.1 视频剪辑的设置

这里所说的视频剪辑的设置主要是针对分辨率、帧率、片头、片尾等，做到有备而无患，为剪辑高质量的视频打下坚实的基础。

4.1.1 设置分辨率和帧率

第一步，打开 PC 端剪映专业版，点击"开始创作"，即可进入视频剪辑界面。如图 4-1、图 4-2 所示。

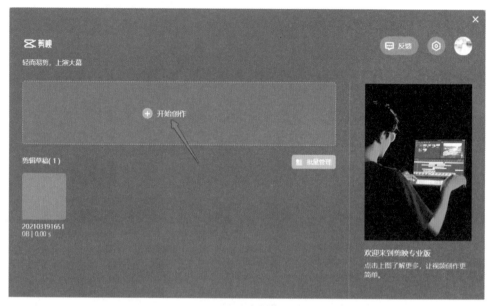

图 4-1　开始创作界面

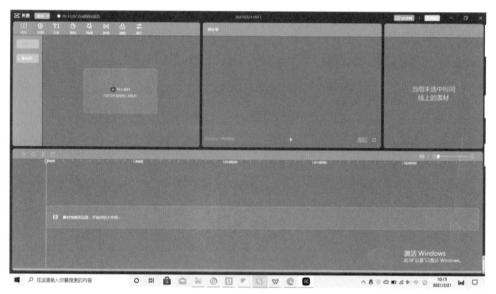

图 4-2　视频剪辑界面

第二步，点击左上部分的"导入素材"。如果是导入"本地"视频或者图片，可以直接将需要剪辑的视频或者图片拖到这里，更加高效、方便。同时，也可以导入

"素材库"里面的视频或者文件，而且有很多分类，如黑白场、故障动画、片头、片尾等。如图4-3、图4-4所示。

我们以导入本地视频或者照片为例，导入后的界面如图4-5所示。

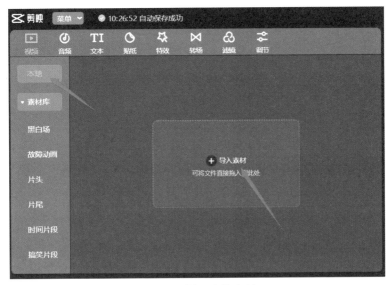

图4-3　导入本地素材

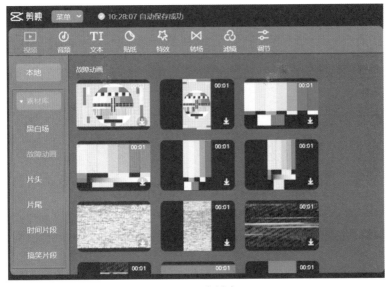

图4-4　素材库

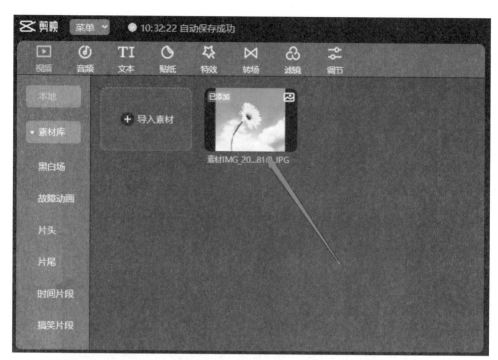

图 4-5　导入的图片

第三步，点击导入的图片，可以看到在其右方会出现一个较大的图片预览界面。如图 4-6 所示。通过预览，确定是需要剪辑的视频或者图片后，可以将其拖拽至下面的剪辑轨道。如图 4-7、图 4-8 所示。

图 4-6　素材预览

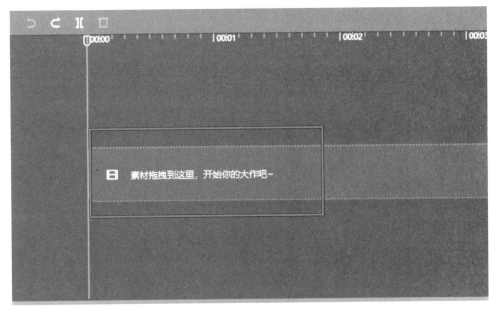

图 4-7　剪辑轨道

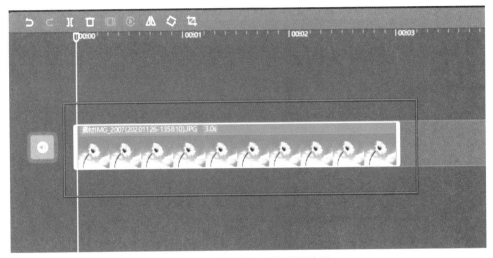

图 4-8　拖拽视频后的剪辑轨道

　　第四步，点击右上方的"导出"，即可对分辨率和帧率进行设置。如图4-9、图4-10所示。

图 4-9 导出按钮

图 4-10 导出界面

第五步，分别点击分辨率和帧率后面向下的小箭头，即可进行分辨率和帧率的调整。分辨率包括 480P、720P、1080P、2K、4K；帧率包括 24fps、25fps、30fps、50fps、60fps。同时，我们通过这个界面也可以调整码率（低、中、高）和格式（mov、mp4）。如图 4-11、图 4-12 所示。

图 4-11　分辨率

图 4-12　帧率

第六步，设置完成后，点击导出即可。这里需要注意的是，可以对导出后的视频文件的储存位置进行设置，便于以后更加方便地查找视频文件。如图 4-13 所示。

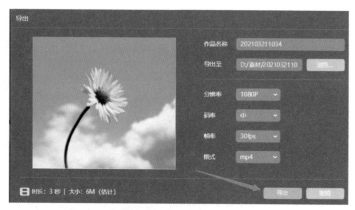

图 4-13　导出

　　实际使用过程中，我们可以依据具体的需求对分辨率和帧率进行设置。一般而言，分辨率越高，视频的清晰度越高；帧率越高，视频的流畅度越高。相对应的是，分辨率和帧率越高，视频文件所需要的内存空间也就越大。同时，码率也是影响清晰度的一个因素，通常是与分辨率和帧率成正比的，也就是分辨率和帧率越高，码率越高，画面更清晰。如果分辨率和帧率高，而码率低，画面的细节将会被打折扣，会产生模糊不清的视觉感。

　　我们分别以分辨率为 480P，帧率为 24fps，码率为低，以及分辨率为 4K，帧率为 60fps，码率为高进行设置，导出两张图片，可以看一下其效果对比。如图 4-14、图 4-15 所示。

图 4-14　分辨率为 480P，帧率为 24fps，码率为低的图片

图 4-15　分辨率为 4K，帧率为 60fps，码率为高的图片

　　需要注意的是，如果使用的是手机端剪映 APP，是没有码率的，只可以调整分辨率和帧率（两者的大小与 PC 端的大小一样），而且只需要拖动对应的滑块即可，向右滑动为调大，向左滑动为调小。如图 4-16 所示。

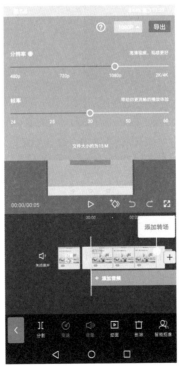

图 4-16　手机端剪映 APP 分辨率和帧率的调整

4.1.2 添加片头和片尾

一个完整的视频需要同时具有片头和片尾，这样看起来才更有代入感。剪映也提供了添加片头和片尾的功能，而且在素材库中有多种片头和片尾，直接选择合适的风格添加即可，只需要进行简单设置。

第一步，打开 PC 端剪映专业版，点击"开始创作"进入视频剪辑界面，点击"导入素材"将需要添加片头和片尾的视频添加进来，然后可以点击"+"符号，将导入的视频添加到下面的剪辑轨道上，也可以通过直接拖拽的方式将视频素材移动到剪辑轨道上。如图 4-17、图 4-18 所示。

图 4-17 点击"+"符号

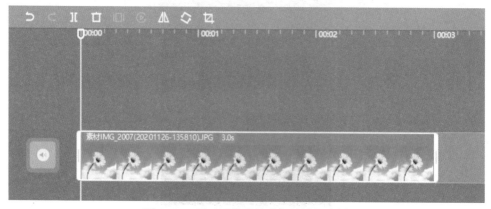

图 4-18 移动至剪辑轨道上的视频素材

第二步，点击左侧的"素材库"，再点击"片头"即可出现多种不同风格的片头，可以根据自己的需求进行选择。如图4-19、图4-20所示。同时，只要点击一下某个片头，就可以进行预览。选中之后，点击片头上面的"+"符号即可实现片头添加。如图4-21所示。

图4-19 素材库

图4-20 各种片头

图 4-21　点击 "+" 符号添加片头

第三步，片头添加完成后，点击素材库里面的 "片尾"，也可以看到有各种风格的片尾进行选择。浏览并确定合适的片尾后点击 "+" 符号即可完成片尾的添加。如图 4-22、图 4-23 所示。需要注意的是，必须先把剪辑轨道上的时间线移动至视频素材的尾部。

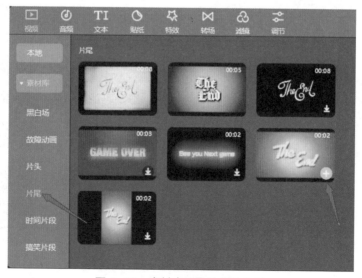

图 4-22　素材库里面的各种片尾

图 4-23　添加片头片尾后的视频素材

需要注意的是，手机端剪映 APP 与 PC 端剪映专业版设置片头和片尾的方法是有所区别的，而且手机端剪映 APP 的操作更为简单一些。

第一步，打开手机端剪映 APP，点击"开始创作"，选择需要添加片头和片尾的视频素材，点击右下角的"添加"即可。如图 4-24 所示。

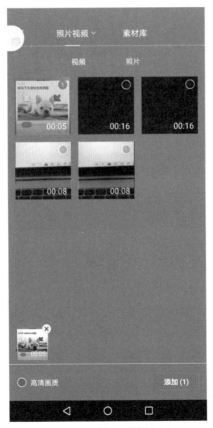

图 4-24　添加视频素材

第二步，添加完成后，视频素材便会自动添加到剪辑轨道上。点击剪辑轨道上的视频素材后面的"+"符号，就会跳转到"照片视频""素材库"界面。点击"素材库"，向上滑动页面，找到片头，从中选择合适的片头并选中，点击右下角的"添加"即可。如图 4-25、图 4-26 所示。

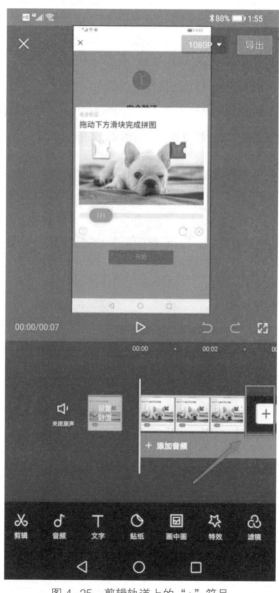

图 4-25　剪辑轨道上的"+"符号

图 4-26　素材库中的片头和添加

　　第三步，添加完片头后，将剪辑轨道上的时间线移动至视频素材的尾部，再次点击剪辑轨道上的"+"符号，重新进入素材库界面，找到片尾，选择合适的片尾后点击"添加"即可。如图 4-27 所示。

图 4-27　素材库中的片尾及添加

　　除此之外，手机端剪映 APP 还有一种自动添加片尾的功能，即打开手机端剪映 APP 后，点击右上角的设置，便会出现一个"自动添加片尾"的按钮，将其打开，便会实现视频剪辑完成后自动添加片尾的效果。如图 4-28、图 4-29 所示。

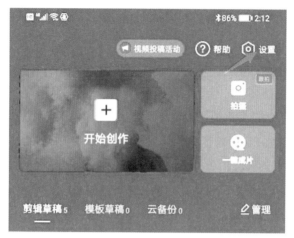

图 4-28　设置选项

图 4-29　自动添加片尾按钮

4.1.3　去除"剪同款"水印

去除"剪同款"水印是针对手机端剪映 APP 进行设置的。通过提前设置去除"剪同款"水印，可以在后期导出视频的时候自动将水印去掉，提高视频剪辑的效率。

然而，这种设置只是针对低于 3.0.1 版本的手机端剪映 APP。由于手机端剪映 APP 的版本在不断升级，我们以 5.0.0 版本为例，已经无法通过简单的设置去除"剪同款"水印了。手机端剪映 APP 升级后版本的去除"剪同款"水印的操作方法如下：

第一步，打开手机端剪映 APP，点击下方的"剪同款"，进入模板选择界面。如图 4-30、图 4-31 所示。

图 4-30　剪同款按钮

图 4-31　剪同款模板界面

　　第二步，选择一个模板，点击右下角的"剪同款"。页面跳转后，需要导入素材，可以选择视频或者照片，也可以切换至拍摄，自行拍摄一段视频或者照片作为素材导入。选择的视频或者照片上面会显示"已导入"字样。如图 4-32、图 4-33所示。

图 4-32　点击剪同款

图 4-33　已导入素材

第三步，点击右下角的"下一步"，跳转至导出界面。点击"导出"将跳转至"导出选择"界面，此时我们可以点击"无水印保存并分享"，便会将无水印的视频存储起来。如图 4-34、图 4-35 所示。

图 4-34 导出界面

图 4-35　点击无水印保存并分享

需要注意的是，点击"无水印保存并分享"，会自动跳转至抖音，如果不想在抖音上发布，可以选择退出。

4.2　视频剪辑的管理

我们在剪辑视频的过程中，往往会积攒很多视频草稿，包括剪辑草稿和模板草稿。虽然它们占内存，影响剪辑的效率，但我们不能把它们全部删掉，因为以后可能还需要用到。所以，我们平时要对这些草稿进行及时、合理的管理。这样做看起来有点麻烦，但长期来看，其实是一种更简单、方便的方法，可以大大提升剪辑效率。

4.2.1　管理剪辑草稿

剪辑草稿一般是指对自己拍摄的视频或者照片进行剪辑后保存下来的视频或者照片。如果这些草稿比较多，或者不想保留的时候，可以进行删除处理。

第一步，打开 PC 端剪映专业版，可以看到剪辑草稿的数量和存在状态。如图4-36 所示。

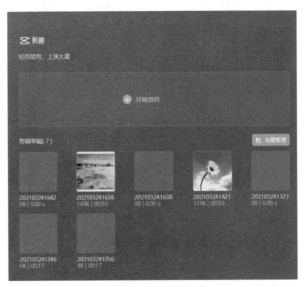

图 4-36　剪辑草稿

　　第二步，如果想单独删除某一个剪辑草稿，可以点击该剪辑草稿右下角的
"…"，会出现重命名、复制草稿、删除选项，点击"删除"即可。如图 4-37 所示。
如果想要全部删除或者一次性删除多个剪辑草稿，可以点击"批量管理"，选择需要
删除的剪辑草稿即可。如图 4-38 所示。

图 4-37　单独删除某一个剪辑草稿

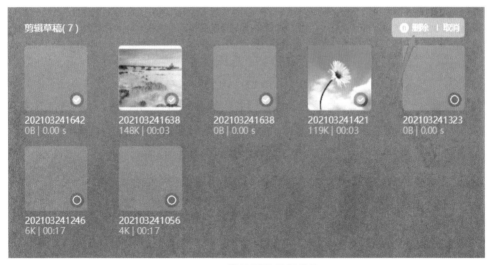

图 4-38　批量删除剪辑草稿

其实，在这个过程中我们不难发现，如果想要复制某个剪辑草稿进行二次编辑，只需要点击这个剪辑草稿右下角的"…"，然后点击复制草稿，在剪辑草稿界面便会看到所复制的草稿副本。如图 4-39 所示。

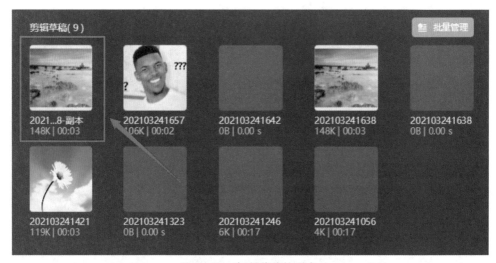

图 4-39　复制草稿的副本

如果使用的是手机端剪映 APP，在删除和复制剪辑草稿的操作流程上与 PC 端剪映专业版是有区别的，而且手机端剪映 APP 对剪辑草稿提供了备份功能，弥补了 PC 端剪映专业版删除剪辑草稿后无法找回和恢复的缺陷。

手机端剪映 APP 删除、复制与备份剪辑草稿的流程如下：

第一步，打开手机端剪映 APP，自动弹出的便是剪辑草稿的界面。每个剪辑草稿后面都有一个"…"，点击会出现重命名、复制草稿、删除选项。如果需要单独删除某个剪辑草稿，选择删除即可。如果想要同时删除多个或者全部的剪辑草稿，可以点击右上方的"管理"，然后选中需要删除的剪辑草稿即可。如图 4-40、图 4-41 所示。

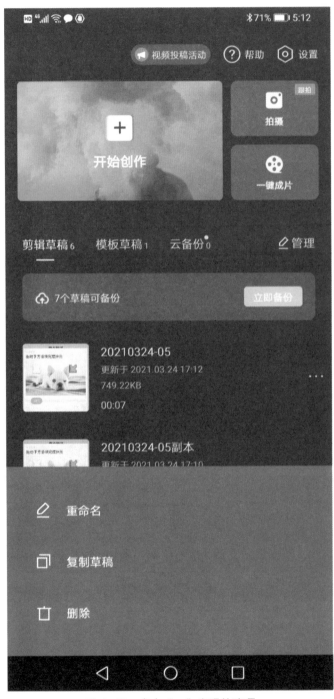

图 4-40 点击"…"出现的选项

图 4-41　批量管理

　　第二步，点击"复制草稿"后，会在剪辑草稿界面出现所复制草稿的副本。如图 4-42 所示。

图 4-42 复制的草稿副本

第三步，点击右上方的"立即备份"，就可以对所有的剪辑草稿进行云备份，同时也可以有选择性地进行备份，既可以全选也可以单选或多选。如图 4-43 所示。此时，如果我们不小心删掉了某个剪辑草稿，可以通过点击"云备份"找回。需要注意的是，在进行立即备份之前，需要先登录抖音账号。

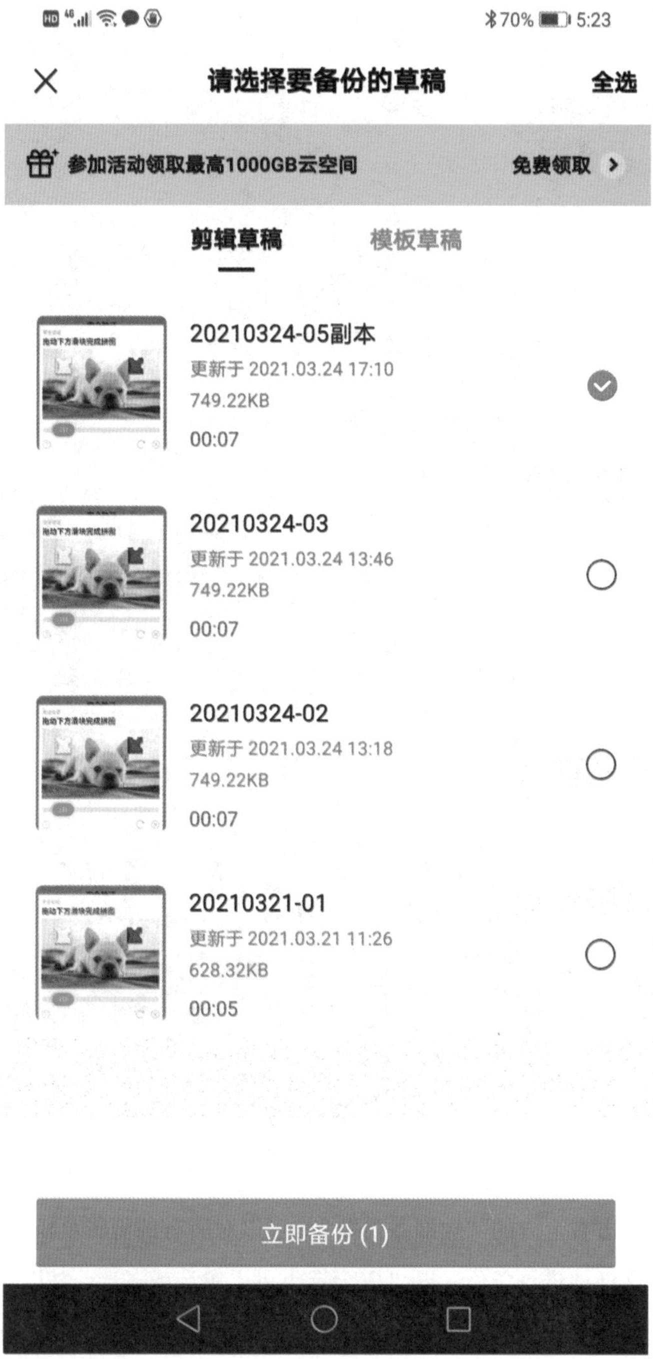

请选择要备份的草稿　　　　　　全选

🎁 参加活动领取最高1000GB云空间　　　免费领取 ›

剪辑草稿　　　　模板草稿

20210324-05副本
更新于 2021.03.24 17:10
749.22KB
00:07

20210324-03
更新于 2021.03.24 13:46
749.22KB
00:07

20210324-02
更新于 2021.03.24 13:18
749.22KB
00:07

20210321-01
更新于 2021.03.21 11:26
628.32KB
00:05

立即备份 (1)

图4-43　立即备份

4.2.2 管理模板草稿

因为 PC 端剪映专业版的所有草稿都是归入剪辑草稿的，所以管理模板草稿主要针对的是手机端剪映 APP。

第一步，打开手机端剪映 APP，点击"模板草稿"，便可以看到所有的模板草稿。如图 4-44 所示。

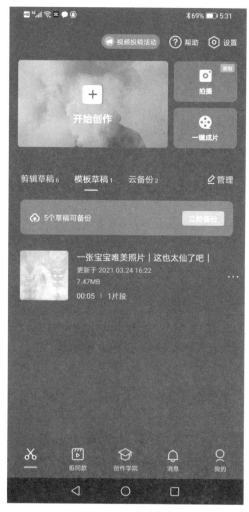

图 4-44 模板草稿

第二步，与管理剪辑草稿删除、复制的流程基本一样，可通过某个模板草稿后面的"…"进行单独删除、复制，也可以通过点击右上方的"管理"进行多个或者全部删除。如图4-45、图4-46所示。

图4-45　点击"…"的选项

图 4-46 点击管理后的操作

　　需要注意的是，模板草稿无法备份，如果需要删除时，必须做好思想准备，避免造成不必要的损失。

第五章

用剪映进行素材处理

通过剪映对素材进行处理是最基本的操作。无论我们使用的是工作素材、旅游素材，还是美食素材、游戏素材，抑或是舞蹈素材、歌唱素材，都可以运用剪映达到理想的处理效果。

5.1 素材操作

使用剪映处理素材的过程中，主要包括素材的添加、分割、复制、删除、替换。经过这几个操作步骤，可以实现对视频内容的简单优化。

5.1.1 添加素材

其实，在前面的内容中，我们对剪映如何添加素材已经做过简单的介绍，这里我们将更加全面、详细地对添加素材的流程进行讲述。

第一步，打开 PC 端剪映专业版，点击"开始创作"，界面会自动跳转到素材添加的页面。这里需要注意的是，添加素材时有本地素材和素材库两种，下面的内容中我们会重点讲述素材库，所以这里只针对本地素材进行讲述。如图 5-1 所示。

图 5-1　本地素材

第二步，点击"导入素材"前面的"+"符号，即可自动弹出本地（也就是预存在电脑磁盘里的视频或者照片）素材，选择需要剪辑的视频或者照片，点击下方的"打开"，即可完成本地素材的添加。如图 5-2、图 5-3、图 5-4 所示。

图 5-2　导入素材

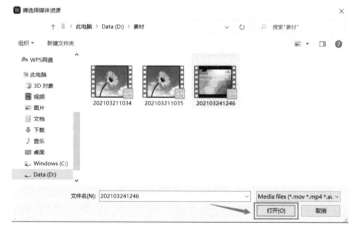

图 5-3　本地素材

图 5-4　成功添加素材

　　除此之外，我们也可以通过直接拖动的方式，将本地素材添加到剪映中，同时也可以添加多个本地素材。例如，在上面已经成功添加一个本地素材后，我们可以接着点击导入素材前面的"+"符号，然后在弹出的本地素材的文件夹中选择需要剪辑的素材，鼠标左键单击不要松开，然后直接移动到剪映导入素材的局域内即可。如图 5-5 所示。

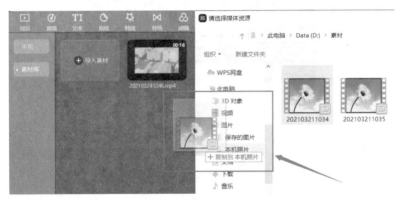

图 5-5　拖动素材添加

5.1.2　分割素材

　　PC 端剪映专业版与手机端剪映 APP 不同的是，后者在成功添加素材后，视频素材会自动添加到剪辑轨道上，而前者必须经过拖动才能添加到剪辑轨道上。所以，在使用 PC 端剪映专业版进行素材分割之前，需要先拖动视频素材至剪辑轨道。

　　通过分割素材，可以帮我们将视频中不需要的片段进行选择性删除，同时也可以帮助我们将几个视频合并在一起，从而让视频更加生动。具体的操作方法如下：

第一步，点击鼠标左键将成功添加的素材向下拖动到剪辑轨道上，也可以通过点击视频素材右下角的"+"符号将素材添加到剪辑轨道上。如图 5-6 所示。

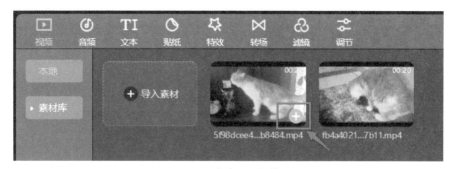

图 5-6 点击"+"符号

第二步，移动剪辑轨道上的时间线至任意时间点（根据自己的需求确定即可），点击上方的"分割"按钮，即可完成素材的分割。如图 5-7 所示。

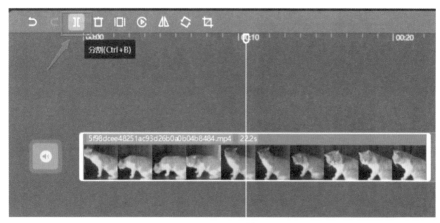

图 5-7 分割按钮

在分割素材的时候需要特别注意的一点是，视频素材的时长不能太短，否则无法进行分割。一般而言，视频时长至少应该在 20 秒以上。而且，在分割素材的时候，也可以按照上面的方法步骤进行掐头去尾的操作，也就是说可以对一段视频进行多次分割。

5.1.3　删除素材

分割完成后，剪映会自动将时间线后面的视频部分选中，如果我们不想要的是前面的视频部分，可使用鼠标左键单击时间线前面的视频部分。无论我们想要的是时间线前面的视频部分还是时间线后面的视频部分，只需要选中后，点击上方的"删除"按钮，就可以留下分割后的视频素材。如图5-8、图5-9所示。

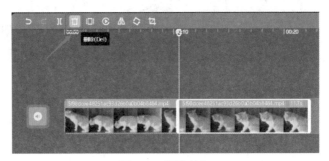

图5-8　删除按钮

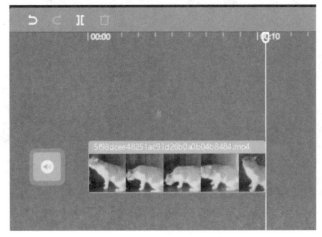

图5-9　删除了时间线后面的视频部分

5.1.4　复制素材

我们在前面的内容中讲到过复制草稿，即通过复制可以生成草稿的副本以便保存。而这里所讲的复制素材不是再生成一个素材副本，而是在剪辑过程中，可以通过点击添加的视频素材下面的"+"符号，在剪辑轨道上重新添加一次同样的素材。如图 5-10 所示。

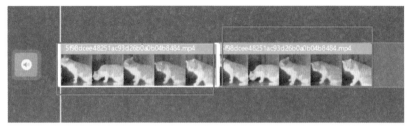

图 5-10　复制素材

如果使用的是手机端剪映 APP，在下方的剪辑工具栏中向左滑动，找到"复制"并点击，即可在剪辑轨道上出现一个与添加的视频素材一样的视频素材。同时，也可以通过点击剪辑轨道后面的"+"符号实现更快捷的复制操作。如图 5-11 所示。

图 5-11　复制按钮

通过复制素材，可以将剪辑后的视频素材进行恢复，也可以对同一个素材进行各种特效剪辑，制作出难度更大的视频。

5.1.5　替换素材

通常而言，替换素材的操作流程在 PC 端剪映专业版中是比较简单的，主要是作用于添加错误或者是不理想的素材后，可以及时地通过替换，重新添加自己喜欢的视频素材。

在 PC 端剪映专业版中替换素材，只需要选中不需要的视频素材，点击剪辑轨道上方的"撤销"按钮，将选中的视频素材删除，然后再按照添加素材的步骤重新添加理想的视频素材即可。如图 5-12 所示。

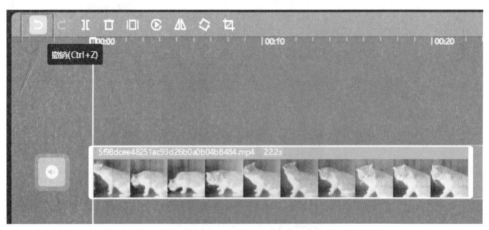

图 5-12　撤销按钮

然而，替换素材的操作流程在手机端剪映 APP 上相对会麻烦一些，但相对 PC 端剪映专业版替换素材的流程更直观。

第一步，成功添加视频素材后，点击左下角的"剪辑"，在出现的工具栏中向左滑动，找到"替换"并点击。如图 5-13 所示。

图 5-13　替换按钮

第二步，点击"替换"后，界面会自动跳转到照片视频、素材库，选中需要替换的素材，点击右下角的"确认"，即可实现素材的替换。如图 5-14、图 5-15、图5-16 所示。

图 5-14　照片视频与素材库

图 5-15 确认按钮

图 5-16　替换后的视频素材

5.2　素材调整

在剪映中，也提供了多种可以对素材进行调整的功能，包括素材的比例、素材的顺序排列、素材的持续时间、素材的播放速度等，都可以通过适当的调整满足不同的剪辑需求。

5.2.1　素材比例及排列顺序的调整

一般而言，我们在成功添加素材后，剪映中显示的是原始比例的素材。也就是说，我们看到的画面比例是原始的。而在剪映中，不仅可以显示原始比例，还提供了多种比例选择，包括 16：9、4：3、1：1、3：4、9：16。

成功添加素材后，在右边的播放器界面可以预览添加的视频素材，右下角有一个"原始"按钮，点击便会出现不同的比例选择。如图 5-17 所示。

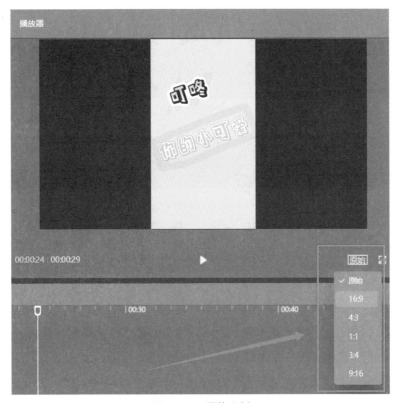

图 5-17　调整比例

在这些比例中，我们可以根据自己的需求进行选择，但相对而言，传统的比例是以 4：3 比例为主，而 16：9 的比例，即现在所谓的宽屏比例更接近黄金分割比例，在视觉上让人的感受更舒服，更适合人的眼睛。

如果调整好素材的比例后，发现素材的顺序有些乱，也可以通过剪映快速调整到位。通常，只需要用鼠标左键单击需要调整顺序的素材，然后左右移动，既可以向前调整，也可以向中间或者后面调整，依据需求进行调整即可。如图 5-18、图 5-19 所示。

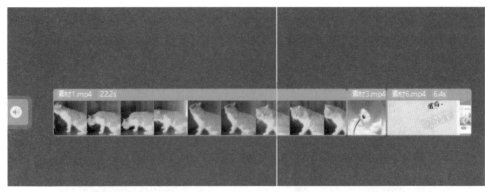

图 5-18　添加的素材 1、素材 3、素材 6

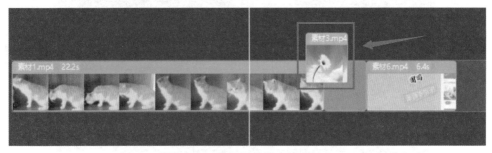

图 5-19　选中调整顺序的素材 3

　　我们可以拖动素材 3 向前调整，也可以向后调整，既可以放在片头，也可以放在片尾。同时，我们可以选中素材 1 向中间调整，也可以选中素材 6 向片头调整。

　　需要注意的是，在调整素材顺序的时候，需要满足一个前提条件，即添加的素材必须大于等于 2 个，这样才会有前、中、后顺序，才可以实现顺序调整。如果只有一个素材，也就失去了调整顺序的必要了。

5.2.2　素材持续时间的调整

　　成功添加视频素材后，往往会在播放器界面显示视频素材的时长。如图 5-20 所示。如果我们想要缩短或者延长视频的时长，应该如何操作呢？

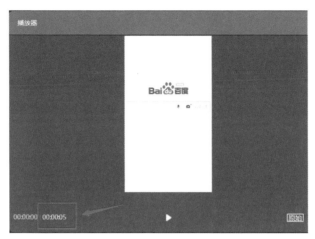

图 5-20 视频时长

第一步，鼠标左键单击剪辑轨道中的视频素材。视频素材左右两边会出现小长方条图标。如图 5-21 所示。

图 5-21 小长方条图标

第二步，如果想缩短视频的可持续时间，可以使用鼠标左键单击左边或者右边的小长方条图标，向右或者向左拖动即可。如图 5-22 所示。

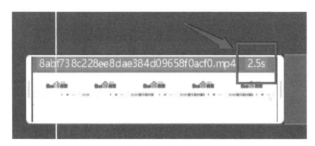

图 5-22 视频持续时长缩短为 2.5 秒

值得注意的是，PC 端剪映专业版是无法通过拖动小长方条延长视频可持续时间的，只有在手机端剪映 APP 上才可以通过拖动小长方条实现延长。在手机端剪映 APP 中，同样是选中剪辑轨道中的视频素材，然后点击右边的小长方条图标，向右拖动，即可实现延长视频的可持续时间。如图 5-23 所示。

图 5-23　延长视频可持续时间

第三步，点击右上方的"变速"，再点击"自定时长"后面的上下小三角，点击上面的小三角是延长，点击下面的小三角是缩短，同样可以实现延长或者缩短视频的可持续时间。如图 5-24 所示。

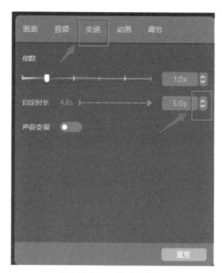

图 5-24　自定时长

素材播放速度的调整（变速）

在观看视频的时候，有的人喜欢慢放，有的人喜欢快放。于是，针对不同的需求，剪映也提供了可以调整视频播放速度的功能。

第一步，在确定已经成功添加素材后，点击剪辑轨道上的素材，右上角便会出现一个集合了画面、音频、变速、动画、调节的界面。如图 5-25 所示。

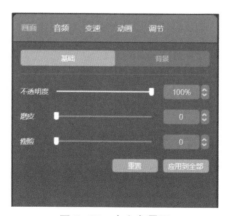

图 5-25　右上角界面

第二步，点击"变速"，再点击倍数后面的上下小三角，点击上面的小三角是加快播放，点击下面的小三角是放慢播放，可根据需求自行设定，一般以满足视觉效果为佳。如图 5-26 所示。

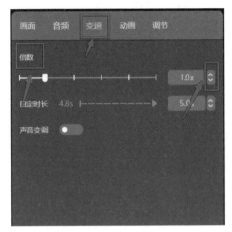

图 5-26　变速

需要注意的是，当我们调整变速时，自定时长也会随之发生改变：变速的倍数越大，自定时长越短；变速的倍数越小，自定时长越长。例如，我们将变速的倍数调整为 0.3x，原本只有 0.5 秒的视频，其可持续时间延长到了 14.9 秒。如图 5-27 所示。

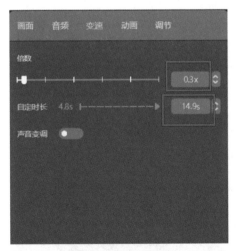

图 5-27　调整变速倍数后的自定时长变化

5.3　巧用素材库

剪映作为一款非常好用，又备受大家喜爱的视频剪辑工具，已经得到了广泛使用。然而，对于一些初学者来说，面对种类众多的功能，也会无从下手。例如，剪映的素材库在哪里？又应该如何使用呢？

无论是 PC 端剪映专业版，还是手机端剪映 APP，素材库所在的位置都在点击"开始创作"之后。如图 5-28、图 5-29 所示。

图 5-28　PC 端剪映专业版素材库

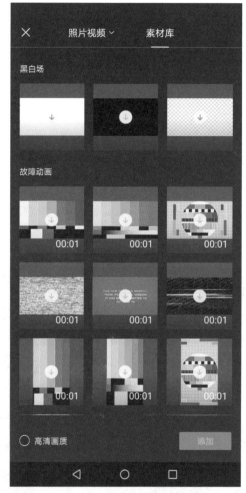

图 5-29　手机端剪映 APP 素材库

剪映的素材库中为我们提供了大量的各式风格的素材，比如 PC 端剪映专业版的素材库里面包括黑白场、故障动画、片头、片尾、时间片段、搞笑片段、搞笑动物、配音片段、蒸汽波动画、空镜头，而且手机端剪映 APP 相比 PC 端剪映专业版多了烟花氛围和绿幕。下面，我们就来介绍一下如何使用素材库。

第一步，打开 PC 端剪映专业版，点击"开始创作"，进入素材库界面。点击"素材库"，根据需要选择自己喜欢的素材。确定后，点击喜欢的素材右下角的小箭头，等待下载完成后，可在右侧进行预览。如图 5-30 所示。

图 5-30　选择素材

第二步，点击选中的素材右下角的"+"符号，或者也可以通过拖动的方式，将素材添加到剪辑轨道上，就可以开始创作了。如图 5-31 所示。

图 5-31　添加素材库素材

面对剪映庞大的素材库，只要巧妙利用，必然可以起到锦上添花的效果，甚至仅仅通过素材库里面的各种素材，也能够轻松制作出一段非常不错的小视频。

第六章

用剪映进行画面调整

很多时候，我们对自己所拍摄的视频或者图片的画面都不会全部满意，因为多多少少会给人一种不完美的感觉，需要进一步调整，方可达到理想的效果。这时，通过剪映的画面调整功能，比如镜像、旋转、裁剪、色调、背景，甚至是画中画的调整，往往可以达到非常不错的效果。

6.1 画面基础的调整

其实，在上面的内容中我们已经讲述了调整画面大小的方法和操作步骤，即通过选择合适的比例即可对画面的大小进行调整。所以，接下来的内容，我们主要针对调整画面基础的镜像、旋转、裁剪、定格、动画进行阐述。

6.1.1 画面镜像

什么是镜像呢？通俗来说，就是将视频画面左右颠倒。也就是说，如果将一个视频的画面从中间分成两部分，镜像后，左边的画面出现在了右边，右边的画面出现了左边。具体操作如下：

第一步，打开PC端剪映专业版，点击"开始创作"，将素材添加到剪辑轨道上，单击鼠标左键使素材保持选中状态（如果不是选中状态，不会显示镜像按钮）。如图6-1所示。

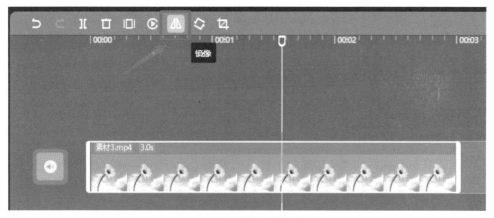

图 6-1　素材处于选中状态

　　第二步，点击左上方的"镜像"，可以看到素材画面发生了左右反转。如图 6-2 所示。

图 6-2　画面镜像成功

其实，画面镜像成功后，给人的就是一种透过镜子看画面的感觉，因为镜子具有反射功能，所以看到的就是左右画面反转后的效果，或许这也是对镜像最直白的解读了。

人们在日常生活和工作中通过手机拍摄视频记录有趣的场景的概率越来越大，但是由于我们都不是专业的摄影师，所以难免有一些视频拍摄的效果不理想。比如，从侧面拍摄的视频往往会增加浏览的难度，降低视觉效果。

其实，这些问题通过剪映的画面旋转功能，都能彻底解决。具体操作如下：

第一步，打开PC端剪映专业版，点击"开始创作"，将素材添加到剪辑轨道上，单击鼠标左键使素材保持选中状态（如果不是选中状态，不会显示旋转按钮）。如图6-3所示。

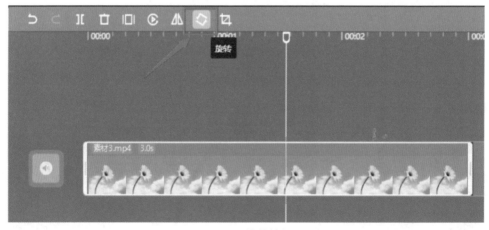

图6-3　旋转按钮

第二步，点击"旋转"，预览界面中素材的画面会发生一次顺时针方向90度的旋转，再点击一次"旋转"，会在上一次旋转的结果上再发生一次顺时针方向90度的旋转，以此类推，第四次点击"旋转"后，便会回到原始的画面状态。如图6-4、图6-5、图6-6、图6-7所示。

图 6-4　第一次旋转

图 6-5　第二次旋转

图 6-6　第三次旋转

图 6-7　第四次旋转

显然，剪映的画面旋转功能是有规律可寻的，即按照旋转 90 度、旋转 180 度、旋转 270 度的规律可以将画面调整为三个不同的角度，我们根据视频的质量选择合适的旋转角度即可。

6.1.3　画面裁剪

画面裁剪与素材分割，其实有着异曲同工之处。虽然素材分割是对整段视频时长的裁剪，而画面裁剪是对视频画面大小的裁剪，但归根结底都是择优而取，目的是一致的。具体的裁剪流程如下：

第一步，打开 PC 端剪映专业版，点击"开始创作"，将素材添加到剪辑轨道上，单击鼠标左键使素材处于选中状态（如果不是选中状态，不会显示裁剪按钮）。如图 6-8 所示。

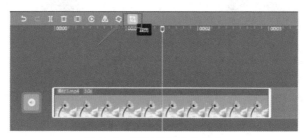

图 6-8　素材处于选中状态

第二步，点击"裁剪"，会自动弹出一个裁剪的界面。如图 6-9 所示。

图 6-9　裁剪界面

第三步，点击"裁减比例"后面向下的小三角，会弹出六种裁剪比例，选择合适的比例，点击右下角的"确定"即可。如图 6-10 所示。

图 6-10　裁剪比例

第四步，点击"旋转角度"后面的向上的小三角或者向下的小三角，向上是顺时针旋转并放大，向下是逆时针旋转并放大，而且每次可以向上或者向下调整1度，效果更细致，相比90度旋转更容易掌控。如图6-11所示。

图6-11 顺时针旋转11度效果图

我们可以看到在裁减比例的左边有旋转角度按钮。也就是说，我们在裁剪画面的同时也可以调整画面的旋转角度，两者结合起来一起进行调整。这样做的结果，往往相比单独进行画面裁剪的效果更好。我们以裁剪比例4：3，顺时针旋转33度为例，点击"确定"后效果如图6-12所示。

图6-12 裁剪比例4：3，顺时针旋转33度效果图

6.1.4　画面定格

如果我们想要将视频中的某个片段设置成静止的画面，就要用到剪映中的定格功能了。可以说，这一功能起到了突出视频某个片段的效果。具体操作流程如下：

第一步，打开 PC 端剪映专业版，点击"开始创作"，将素材添加到剪辑轨道上，单击鼠标左键使素材保持选中状态（如果不是选中状态，不会显示定格按钮）。如图 6-13 所示。

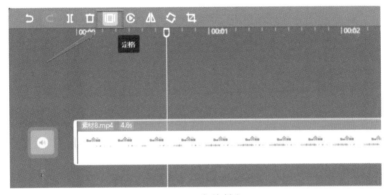

图 6-13　定格按钮

第二步，选择需要定格的视频片段，将时间线拖动到对应的时间点。以 1 秒处定格为例，时间线如图 6-14 所示。

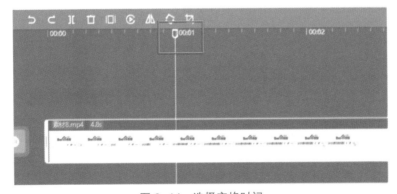

图 6-14　选择定格时间

第三步，点击"定格"，便会出现一段时长为 3 秒的静止片段。如图 6-15 所示。

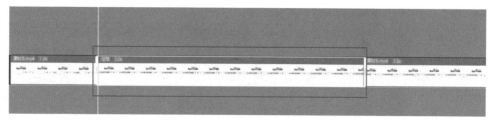

图 6-15　定格画面

也就是说，画面定格后，在播放视频时，我们选中的这个时间点的画面，会连续播放 3 秒，但是画面不会产生变化。

6.1.5　添加动画

剪映的添加动画功能，其实对于视频的播放也是起到了突出的效果，让画面生动、有趣，可以有效避免单调和乏味。具体操作流程如下：

第一步，打开 PC 端剪映专业版，点击"开始创作"，将素材添加到剪辑轨道上，单击鼠标左键使素材保持选中状态（如果不是选中状态，不会显示动画按钮）。

需要注意的是，动画按钮不在剪辑轨道的左上方，而是在剪辑界面的右上角。如图 6-16 所示。

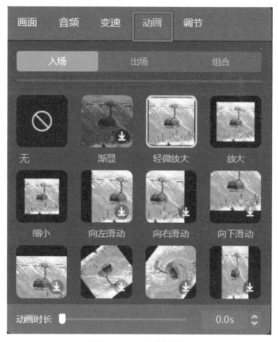

图 6-16　动画按钮

第二步，剪映的动画功能提供了多种动画模式，包括入场、出场、组合，而且每一种动画模式中又包含了多种不同的动画效果。我们根据自己的需求选择合适的动画效果，点击后即可应用到视频画面中。我们以组合模式中的"方片转动"为例，添加后的效果如图 6-17 所示。

图 6-17　方片转动效果图

第三步，在动画界面的左下角有一个"动画时长"，可以在 0-4.8 秒之间调整动画的速度。点击小白条左右拖动，或者点击后面的向上和向下的小三角，都可以实现动画时长的调整。如图 6-18 所示。

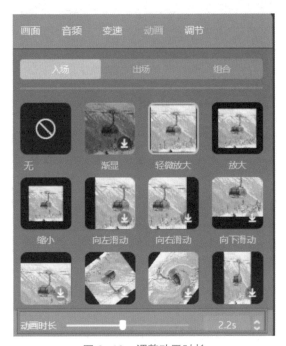

图 6-18　调整动画时长

一般而言，调整动画时长时，时间越短，动画持续的时间越短，而且速度越快，可依据实际需要合理设置。

6.2　画面色调的调整

对于画面的色调，如果概括而言，主要分为以红、黄为主的暖色调和以绿、蓝为主的冷色调，以及以灰、黑、白为主的中间调；如果细分，则包括高调、低调、软调、硬调、暖调、冷调等。

不同的画面色调给人的感觉是不一样的，如暖色调象征着太阳、火焰、大地，给人活泼、愉快、兴奋的感受；而冷色调象征着森林、天空、大海，给人的则是安静、凉爽、开阔、通透的感受。所以，我们需要结合所拍摄的视频或者照片想要传达的情感，对画面的色调进行更有针对性的调整。

6.2.1　使用滤镜

剪映中的滤镜功能可以说是一条非常方便的调整画面色调的捷径。因为在滤镜功能中，已经给出了很多可以直接应用到素材中的色调，比如质感中包含暗调、小樽、午后、自然、奶杏、灰调、胡桃木、白皙、MUJI、清晰。我们只需要选择合适的色调应用于需要调整的画面中即可。

第一步，打开 PC 端剪映专业版，点击"开始创作"，将素材添加到剪辑轨道上，单击鼠标左键使素材处于选中状态。点击上方的"滤镜"，并依次点击滤镜界面左边的"滤镜效果"，包括质感、清新、风景、复古、美食、Log、油画、电影、风格化、胶片，浏览每个色调模式中不同的色调效果，并选择。如图 6-19 所示。

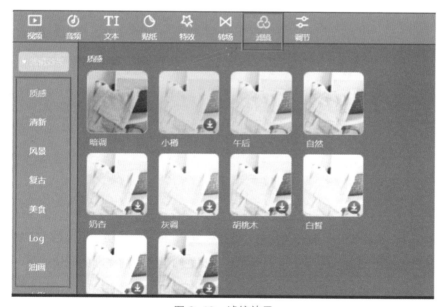

图 6-19　滤镜效果

第二步，点击选中的色调效果的右下角的小箭头，等待下载完成，再点击右下角的"+"符号，剪辑轨道上的素材上方会出现紫色（出于对图片印刷质量负责的态度，下图中显示的颜色可能会有所差距，应以实际操作中的颜色为准）的长方条，则表示选中的色调效果已经成功应用于素材中。如图 6-20 所示。

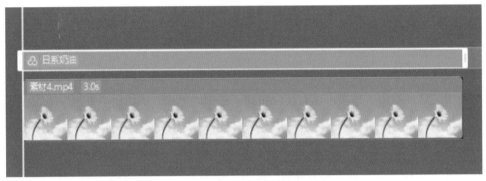

图 6-20　应用日系奶油色调

图 6-21　前后效果对比

第三步，点击创作界面右上角的"滤镜强度"，可通过拖动其后面的小方块或者点击其后面向上和向下的小三角，可在 0-100 之间设置不同强度的滤镜效果，数字越小，滤镜效果越弱，数字越大，滤镜效果越强。如果调整完成后感觉不是自己想要的效果，可通过点击右下角的"重置"进行重新设置。如图 6-22 所示。

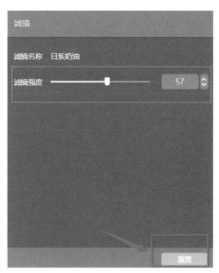

图 6-22　调整滤镜强度

当然，上述操作流程只是针对添加一种滤镜效果的介绍。在实际操作中，我们还可以实现多种滤镜效果的同时应用，而且可以对每一种滤镜效果的时长进行设置。下面，我们以"午后""潘多拉""绿妍"三种滤镜效果为例，讲述具体如何操作。

第一步，将剪辑轨道上的时间线拖动到 0 秒位置，点击"滤镜"→"质感"→"午后"，然后用鼠标左键点击应用成功的紫色午后长方条右边的边框，向左拖动至 1 秒位置，则表示 0-1 秒的画面色调调整为了"午后"。如图 6-23 所示。

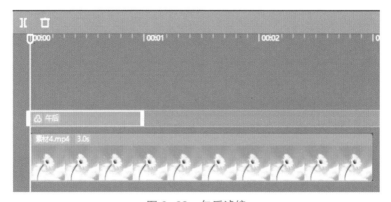

图 6-23　午后滤镜

第二步，将剪辑轨道上的时间线拖动到 1 秒位置，点击"清新"→"潘多拉"，然后用鼠标左键点击应用成功的紫色潘多拉长方条右边的边框，向左拖动至 2 秒位置，则表示 1-2 秒的画面色调调整为了"潘多拉"。如图 6-24 所示。

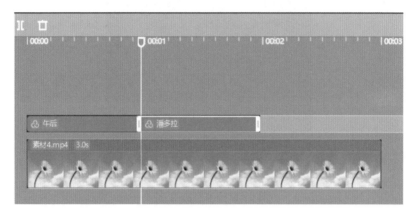

图 6-24　潘多拉滤镜

第三步，将剪辑轨道上的时间线拖动到 2 秒位置，点击"风景"→"绿妍"，然后用鼠标左键点击应用成功的紫色绿妍长方条右边的边框，向左拖动至 3 秒位置，则表示 2-3 秒的画面色调调整为了"绿妍"。如图 6-25 所示。

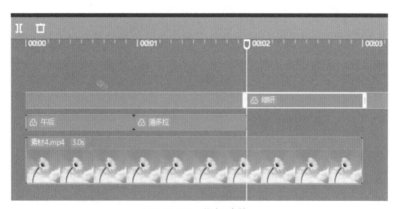

图 6-25　绿妍滤镜

最终，这段时长为 3 秒的视频中，第一秒的画面色调是午后，第二秒的画面色调是潘多拉，第三秒的画面色调是绿妍。如图 6-26、图 6-27、图 6-28 所示。

图 6-26　0-1 秒的画面色调

图 6-27　1-2 秒的画面色调

图 6-28　2-3 秒的画面色调

6.2.2 使用调节

其实，我们除了可以利用剪映中的滤镜功能快速调整画面色调外，还可以根据色调的一些特质进行调整，比如光对色调的影响。因为有光照才会有色调的产生，而且色调往往跟随光的性质（色温）、种类、方向的变化而变化，所以我们可以通过对剪映中的调节功能的设置实现画面色调的调整。

点击右上角的"调节"，便可以弹出一个可以设置亮度、对比度、饱和度、锐化、高光、阴影、褪色、色温的界面，依次点击其后面对应的向上的小三角或者向下的小三角，再或者直接拖动其后面对应的小方块，对相应的数字进行设置即可。如图 6-29 所示。

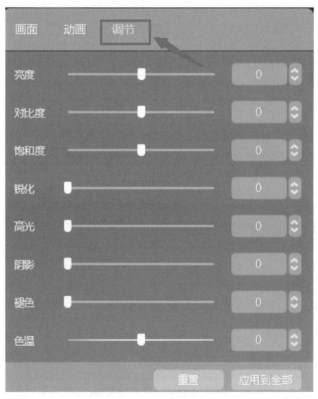

图 6-29　调节功能

那么具体应该如何操作呢?

我们以小清新的画面色调调整为例。由于明快是小清新的画面色调的特征,所以我们可以将亮度调整为10,略偏明亮即可;同时,因为这种色调通常会带有轻微的曝光度,而且如果画面中出现的是一个人物的话,视觉上的肤色会更白皙,所以我们可以将对比度调整为14、饱和度调整为10、锐化调整为6、高光调整为20、阴影为0、褪色为0。最后,由于小清新的画面色调属于冷色调,所以我们可以将色温调整为 –10。如图 6–30 所示。效果如图 6–31 所示。

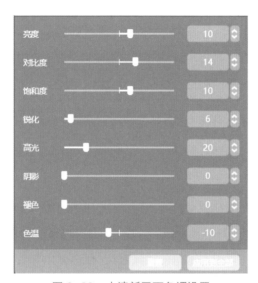

图 6–30　小清新画面色调设置

图 6–31　小清新画面色调效果图

最后需要强调一点，如果对做出的调节设置不是很满意，可以通过点击右下方的"重置"进行重新设置；如果想要把调整好的效果应用到整段视频中，可以通过点击右下方的"应用到全部"。

6.3 画面背景的调整

背景一直是作为一种陪衬而存在，位于主场景的后面。其实，说得更直白一些，背景的存在就犹如绿叶，是为了衬托红花更加艳丽。所以，我们通过画面背景的调整，可以从整体上对视频的画面进行装饰，有助于增强画面的空间深度，平衡构图和美化画面。

6.3.1 背景颜色

在剪映的画面背景颜色调整模式中，为我们提供了数十种颜色。选择合适的背景颜色，往往可以使主场景更加立体、直观。具体调整画面背景颜色的方法如下：

第一步，点击创作界面左上角的"画面"，便会弹出背景按钮。通常，PC 端剪映专业版默认的画面背景填充是无。如图 6-32 所示。

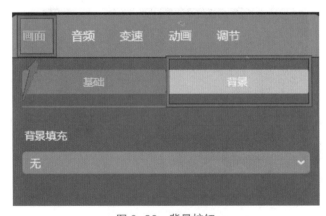

图 6-32　背景按钮

第二步，点击"无"后面的小三角，在弹出的选项中，点击"颜色"，就会出现多种可选背景填充颜色。如图 6-33 所示。

图 6-33　背景填充颜色

第三步，选中合适的一种颜色，鼠标左键单击，即可在左侧的"播放器"界面查看效果。如图 6-34 所示。

图 6-34　白色背景填充效果

第四步，如果对填充的背景颜色比较满意，点击"背景填充"右下角的"应用到全部"即可将背景颜色应用至整个视频。如图 6-35 所示。

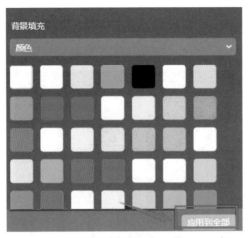

图 6-35　应用到全部按钮

6.3.2　背景样式

我们通过剪映除了可以填充画面的背景颜色，还可以对画面背景的样式进行调整。相对单一颜色的画面背景填充，剪映提供的多种不同样式的画面背景，可以让画面的整体场景更丰富多彩，更容易吸引人的眼球。具体调整流程如下：

第一步，点击"背景填充"后面的小三角，在弹出的选项中选择"样式"。如图 6-36 所示。

图 6-36　样式按钮

第二步，向下滑动样式页面，可以看到有近百种样式可供选择。选择合适的样式后，点击右下角的小箭头，等待下载完毕，即可在左侧的播放器界面查看应用效果。如图 6-37 所示。

图 6-37　样式应用效果

第三步，如果对填充的样式比较满意，点击"背景填充"右下角的"应用到全部"即可将背景样式应用至整个视频。

6.3.3　背景模糊

在剪映的背景填充功能中，背景模糊可以增强整个画面的层次感。因为背景模糊是以添加的素材视频的画面为基础的，填充后会有明显的前后层次。具体操作流程如下：

第一步，点击"背景填充"后面的小三角，在弹出的选项中选择"模糊"。如图 6-38 所示。

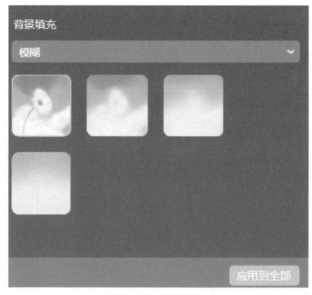

图 6-38　模糊按钮

第二步，点击合适的模糊模式，即可在"播放器"界面查看效果，确定后，点击右下角的"应用到全部"就可以实现整个视频的应用。如图 6-39 所示。

图 6-39　模糊背景应用效果

我们可以看到模糊的四种模式是依次递增的，相对来说最模糊的模式填充后，整体画面的层次感会更强烈，因此会形成更加鲜明的对比。

画中画的调整

画中画是一种特殊的视频播放方式，即在播放一段视频的时候，在片头、片中或者片尾可以同时播放另一段时长较短的视频。这种方式可以通过一段有意思的小视频替代或者掩饰一段长视频中乏味无趣的片段。

6.4.1　添加画中画

在 PC 端剪映专业版中并没有直接添加画中画的功能，但也并不是意味着在 PC 端剪映专业版中无法制作出画中画的效果。具体操作方法如下：

第一步，先导入两段视频素材，并全部添加到剪辑轨道上。如图 6-40 所示。

图 6-40　导入的搞笑片段和片头

第二步，选中"搞笑片段"，单击鼠标左键向上拖动，可以放在片头的任意时间段，依据需要可以自行设置画中画出现的位置。如图 6-41 所示。

图 6-41　拖动搞笑片段

第三步，点击播放器预览，可以看到在片头播放至 5 秒时长时，出现了搞笑片段。如图 6-42 所示。

图 6-42 添加画中画效果

6.4.2 调整画面混合模式和不透明度

在成功添加画中画之后，我们还可以进一步调整和设置，使画中画的效果更好。例如，通过调整画中画的比例，使其与第一段视频的比例一样，也可以缩小画中画的视频比例，使其小于第一段视频的比例等。这就需要用到剪映的混合模式和不透明度功能，但这两种功能在 PC 端剪映专业版上没有体现，所以接下来我们以手机端剪映 APP 为例进行讲述。

第一步，点击"开始创作"，添加一段视频素材，然后点击下方的"画中画"，再点击"新增画中画"，添加自己选中的视频素材。如图 6-43、图 6-44 所示。

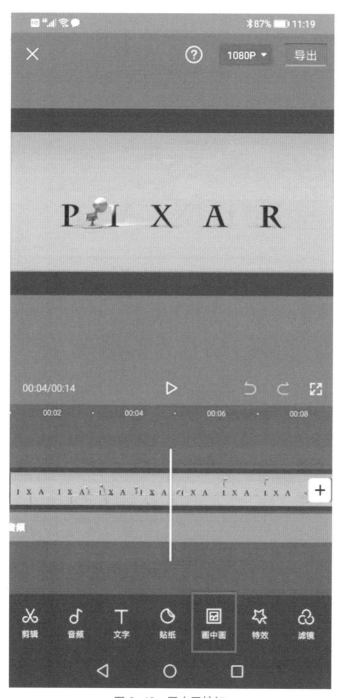

图 6-43　画中画按钮

图 6-44　新增画中画按钮

　　第二步，成功添加画中画后，我们会发现画中画的比例相比第一段视频的比例要大（这一点通过 PC 端剪映专业版添加画中画的时候也有体现）。如果想要缩小画中画的比例，可以用食指和大拇指分别点击画中画的两个对角（成功添加的画中画有一个红色边框显示），然后向里拖动，即可缩小画中画的画面比例，可以与第一段视频的画面比例一致，也可以小于第一段视频的画面比例。调整完成后，在空白区域点击一下手机屏幕，即可消除红色边框。如图 6-45、图 6-46、图 6-47 所示。

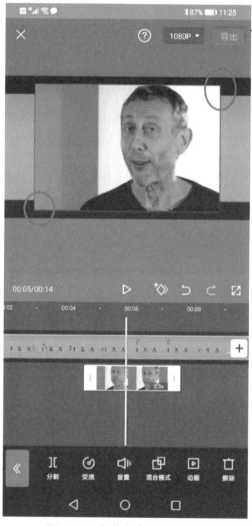

图 6-45　拇指与食指拖动位置

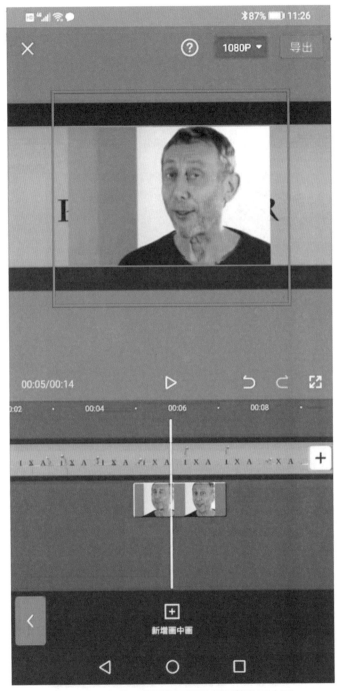

图 6-46　与第一段视频画面比例相等的画中画

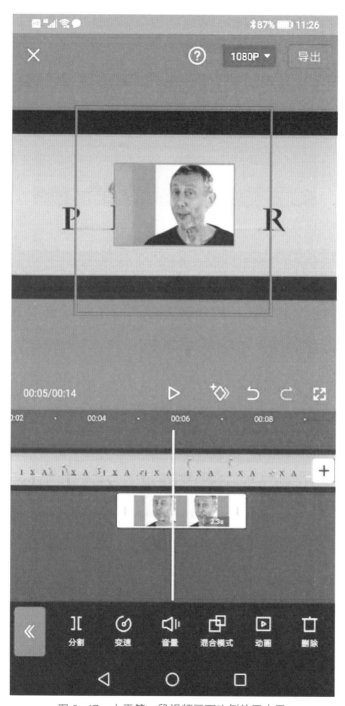

图 6-47　小于第一段视频画面比例的画中画

第三步，调整好画中画的画面比例后，点击下方的"混合模式"，会出现正常、变暗、滤色、叠加、正片叠底等多种模式，同时在这些模式的上方可以调整不透明度。如图 6-48 所示。

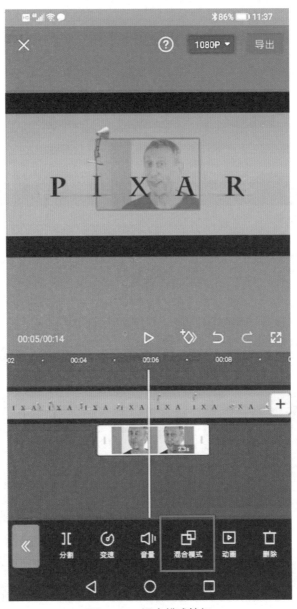

图 6-48 混合模式按钮

第四步，选择合适的混合模式，并调整好不透明度后，点击不透明度后面的"√"即可。以"变暗"混合模式，不透明度 50 为例，效果如图 6-49 所示。

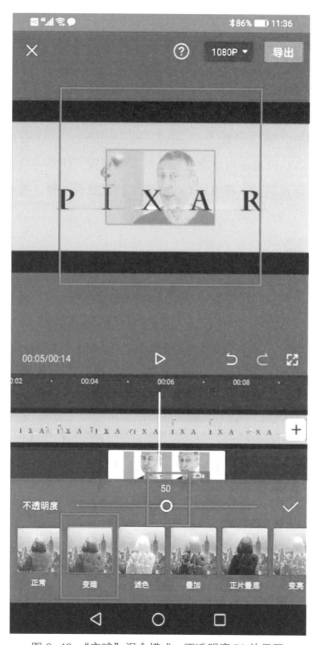

图 6-49 "变暗"混合模式，不透明度 50 效果图

第七章

用剪映进行转场设置

转场就是将第一段视频巧妙地过渡到第二段视频，使第一段视频播放完以后不会特别突兀地形成跳转。转场相当于文章中的过渡段一样，起到的是承上启下的作用。

7.1 添加转场效果

有了转场的应用，即便是两段完全不相关的视频素材，只要能够契合视频的情节、情绪、节奏添加转场效果，也可以有效地衔接在一起。例如，第一段视频是风景，第二段视频是人物，中间只要能够适当添加两极镜头转场，就能够使前后两段视频形成鲜明的对比播放效果。

换句话说，转场效果是多种多样的，而剪映中更是提供了多种模式可供应用，包括基础转场、运镜转场、幻灯片、特效转场、遮罩转场等，甚至 PC 端剪映专业版和手机端剪映 APP 的转场效果功能也有所不同。那么，这些转场效果究竟应该如何应用呢？

7.1.1 基础转场

剪映中的基础转场就犹如其名字一样，包含的都是一些基本的转场效果。以 PC

端剪映专业版为例，转场效果包括渐变擦除、叠化、闪黑、闪白、泛光、模糊、叠加、色彩溶解、色彩溶解Ⅱ、色彩溶解Ⅲ、滑动、上移、下移、左移、右移、横向拉幕、竖向拉幕、向上擦除、向下擦除、向左擦除、向右擦除、镜像翻转。如图7-1所示。

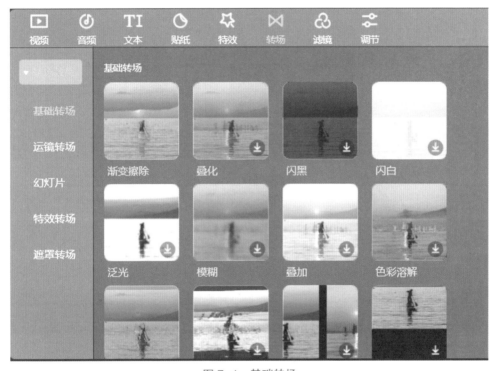

图7-1　基础转场

这些转场多是逐渐隐去第一段视频的最后一个画面，然后将第二个视频的第一个画面逐渐由黑变亮，直至正常，会让人的视觉上产生一种间歇感（实际应用中，不同的转场会有不同的效果，应根据具体需求进行设置）。

第一步，成功导入至少两段视频素材，这是添加转场的基础前提（如果仅有一段视频素材，是不需要转场效果的）。点击左上方的"转场"→"基础转场"，在弹出的多种转场效果中选择合适的即可。如图7-2所示。

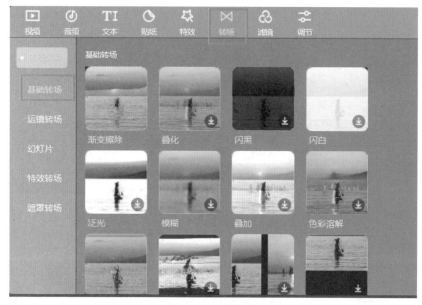

图 7-2　转场按钮

第二步，点击选中的转场效果下面的小箭头，等待下载完毕后，点击"+"符号，即可实现转场添加。如图 7-3、图 7-4、图 7-5 所示。

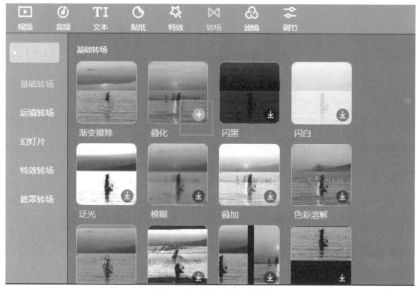

图 7-3　添加叠化转场

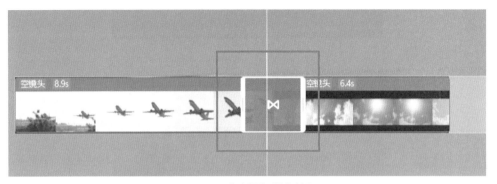

图 7-4　成功添加叠化转场

图 7-5　成功应用叠化转场后的效果

　　其实，我们添加的第一段视频的素材的片尾是一架飞机直接飞向了蓝天，但是并没有白云和阳光，而第二段视频的片头只是一个单调的晴空画面，如果将两段视频单纯地衔接起来，会感觉毫无入境感。然而，通过叠化转场的应用，将两段视频完美地结合了起来，飞机从灰蒙蒙的地面起飞，随着起飞高度的攀升，背景从灰色逐渐变蓝，直至飞入高空，破云见日，一气呵成，效果非常不错。

　　尤其是我们延长转场时长后，直接将第一段视频的飞机飞入单调蓝天的片尾叠化了，背景的色彩、层次更加丰富。如图 7-6、图 7-7、图 7-8、图 7-9、图 7-10 所示。

图 7-6　飞机起飞阶段

图 7-7　飞机升空阶段

图 7-8　第一段视频片尾阶段

图 7-9　添加转场后飞机渐入

图 7-10　添加转场后飞机淡出

运镜转场

　　PC 端剪映专业版的运镜转场包括色差顺时针、色差逆时针、推进、拉远、顺时针旋转、逆时针旋转、向下、向上、向右、向左、向左上、向左下、向右上、向右下。如图 7-11 所示。

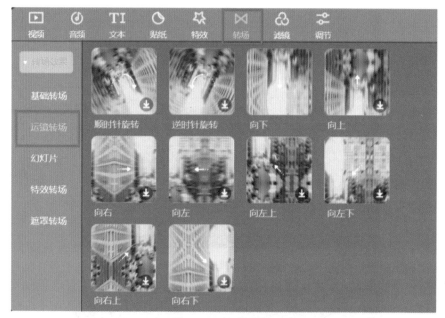

图 7-11　运镜转场

可以说，运镜转场的效果基本都是针对方向性的应用，即第一段视频从某一个方向划出，第二个视频从某一个方向划入。所以，运镜转场一般起到的是对两段或者几段内容意义相差较大的视频进行转换的作用。

运镜转场的添加流程与基础转场的添加流程基本一致，这里不再赘述，只需要根据需求选择合适的风格模式，以及调整转场时长即可。

7.1.3　幻灯片

幻灯片就是我们平常所说的 PPT。这种转场效果可以使第一个视频的画面渐渐旋转消失，下一个视频的画面紧随第一个视频消失的画面进入，通常适用于衔接与过渡对比性较强的视频。

PC 端剪映专业版提供的幻灯片转场效果主要包括翻页、回忆、回忆Ⅱ、立方体、圆形扫描、倒影、开幕、百叶窗、窗格、风车、万花筒、压缩、弹跳。如图 7-12 所示。而且幻灯片的添加流程与基础转场的添加流程也基本一样，所以不再赘述。

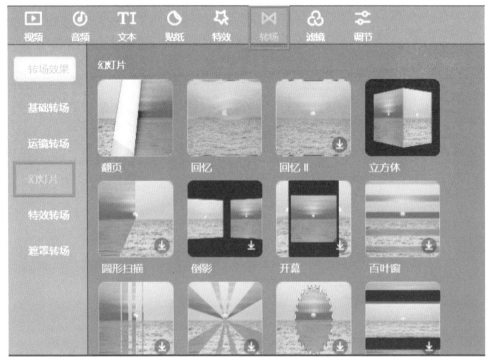

图 7-12　幻灯片

7.1.4　特效转场

特效转场相比基础转场、运镜转场、幻灯片的效果更加形象和深化。因为特效转场的每一种模式都寄托于一种事物，如火、光、云、雾等。如果能够选择一种与视频内容主旨相似的事物进行转场，往往会进一步激发观看者的情绪高潮，加深观看者对视频情节和意境的回味。

PC端剪映专业版的特效转场结合了多种事物，从而让转场效果丰富多彩，包括冰雪结晶、雪花故障、色差故障、放射、漩涡、快门、横线、竖线、马赛克、白色烟雾、黑色烟雾、闪动光斑、动漫火焰、动漫闪电、动漫云朵、黑色块、炫光。如图 7-13 所示。

图 7-13　特效转场

由于每一种转场的添加操作流程基本都相同，所以特效转场的添加也可以参考基本转场的流程进行添加。

7.1.5　遮罩转场

PC 端剪映专业版的遮罩转场包括圆形遮罩、圆形遮罩 II、星星、星星 II、爱心、爱心 II、爱心上升、爱心冲击、撕纸、水墨、画笔擦除。如图 7-14 所示。

通过这些转场的名称我们可以看出，遮罩转场主要是以不同的形状进行转场应用。也就是说，添加遮罩转场，在实际应用中，第一段视频会以添加的转场对应的图形放大或者进入的方式结束，从而带出第二个视频画面。这种方式类似于画面的分割，可以产生空间并列对比的艺术效果，更容易深化内涵。

图 7-14　遮罩转场

遮罩转场的添加流程与基础转场的添加流程基本一致，不再赘述。

7.1.6　MG 转场

MG 转场是手机端剪映 APP 相比 PC 端剪映专业版多出的一种转场效果，包括水波卷动、水波向右、水波向左、白色墨花、动漫漩涡、波点向右、箭头向右、矩形分割、蓝色线条、中心旋转、向下流动、向右流动。

这种转场效果一般是通过转场画面的介入，在第一段视频即将结束时将整个画面完全遮挡，观看者无法从中分辨视频的画面特征，从而带出下一个视频片段，具有明显的转折作用，所以经常被应用于缺乏连贯因素的两个或者多个视频的直接切换，具有一定的硬性转折的特征。

第一步，成功添加两段视频素材，点击两段视频中间的小白色方块。如图 7-15 所示。

图 7-15　小白色方块

　　第二步，在自动弹出的转场效果选项中点击"MG 转场"，选择合适的转场效果，即可看到上面的预览效果。如图 7-16、图 7-17 所示。

图 7-16　MG 转场

图 7-17 水波向右转场效果

7.2　设置转场时长

成功添加转场后，转场一般会自动添加到第一段视频和第二段视频的中间部位，默认时长为 0.5 秒，而且会分别叠加 0.25 秒左右的第一段视频的片尾和第二段视频的片头。如图 7-18 所示。

图 7-18　时长为 0.5 秒的叠化转场

然后，点击创作界面右上角的"转场时长"后面的向上或者向下的小三角，抑或直接拖动"转场时长"后面的小白色方块，可以根据需要调整转场的时长。

一般而言，时长越长，转场的速度越慢；时长越短，转场的速度越快。确定合适的时长后，点击转场时长右下角的"应用到全部"，即可实现转场效果的应用。如图 7-19 所示。

图 7-19　转场时长设置

第八章

用剪映进行蒙版操作

蒙版其实就是一个选区，选框的内部是可以显示的画面，选框外部的画面将被遮挡。

通俗一点说，蒙版就是蒙在画面上的板子。通过添加蒙版，可以将我们不想显示的画面做成不透明或者半透明的效果，从而让想要展示的画面更加突出，使整个视频的视觉感受更加有质感。

8.1 添加蒙版

虽然蒙版也是一种选区，但有别于其它的选区。因为蒙版最大的作用就是对选中的区域进行保护，不会受到其他操作的影响和改变，而选区之外的部分则可以随意进行操作和改变。

可以说，蒙版是一种视频剪辑过程中经常会用到的特效功能。

遗憾的是，在 PC 端剪映专业版中并没有蒙版功能，所以我们只能通过手机端剪映 APP 进行添加蒙版操作流程的讲述。

第一步，点击"开始创作"，添加视频素材，点击左下角的"剪辑"，便会弹出剪辑的各种选项。如图 8-1 所示。

图 8-1　剪辑功能选项

第二步，点击下方的"蒙版"，可在线性、镜面、圆形、矩形、爱心、星形六种蒙版模式中选择合适的一种进行应用。如图 8-2 所示。

图 8-2　蒙版的 6 种模式

　　第三步，从视频中的画面可以看出，百合花后面的背景比较杂乱，可以选择遮挡或者淡化，所以我们可以点击蒙版选项中的"圆形"，再点击右下角的"√"，即可完成添加。如图 8-3 所示。

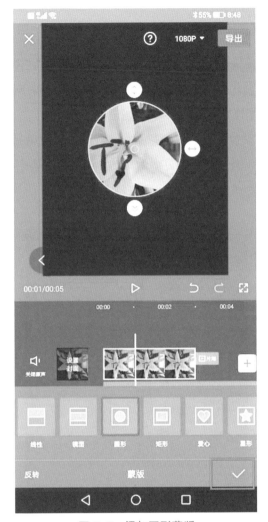

图 8-3 添加圆形蒙版

8.2 蒙版操作

在使用蒙版功能中，完成蒙版添加只是最基础的操作，我们还可以通过移动蒙版、旋转蒙版、反转蒙版将这一特效应用得淋漓尽致。

8.2.1　移动蒙版

移动蒙版可以帮助我们随心所欲地改变选区的位置，能够更好地突出想要展现的画面，而且操作起来比较简单、方便。

想要移动蒙版的时候，只要用一根手指点击选区，也就是点在黄色边框内部，就可以实现上下左右，甚至是各个方向的移动。以上面内容中讲到的添加成功的圆形蒙版为例，将其移动到左上角，效果如图8-4所示。

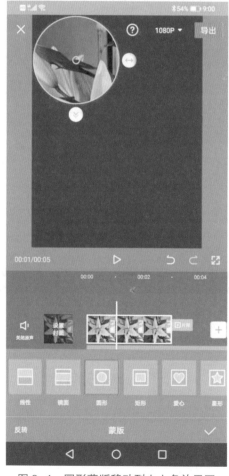

图8-4　圆形蒙版移动到左上角效果图

　旋转蒙版

旋转蒙版功能对于圆形蒙版来说，由于圆形的特质，几乎没有什么效果。所以，旋转蒙版更多适用于其他形状的蒙版。

我们按照添加蒙版的流程重新添加矩形蒙版，然后用两根手指同时触及选区，向上或者向下转动选区。旋转蒙版的角度在 0–360 度之间，可以根据需要选择合适的角度，最后松开手指即可。如图 8–5 所示。

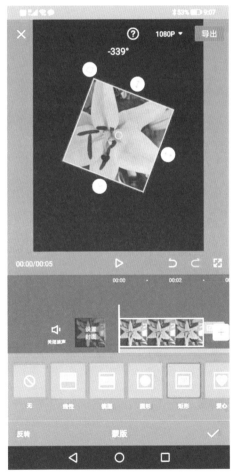

图 8–5　旋转蒙版

8.2.3　反转蒙版

什么是反转蒙版？一定不要将反转蒙版理解为是对蒙版形状的反转，而是对蒙版选区的反转。也就是说，点击反转后，之前的选区变成了遮挡部分，之前被遮挡的部分变成了新的选区。

反转蒙版的操作是比较简单的，因为在蒙版界面的左下角有"反转"按钮，只要点击一下，即可实现蒙版反转。如图 8-6 所示。

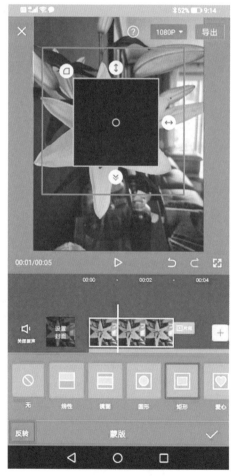

图 8-6　反转蒙版

8.3 蒙版调整

除了对蒙版可以移动、旋转、反转之外，蒙版还能够调整大小、调整羽化值、调整边角弧度，从而让蒙版的效果更加凸显。

8.3.1 调整蒙版大小

调整蒙版大小其实就是调整选区的大小，因为成功添加蒙版后一般都是默认的大小比例。

我们可以看到在蒙版的上方和右方分别有一个带有双箭头的小白色圆点。如果想要向上或者向下调整蒙版的大小，只需要用一根手指点击上方的小白色圆点，向上或者向下拖动即可（向上拖动为放大，向下拖动为缩小）；同理，如果想要向左或向右调整蒙版的大小，只需要用一根手指点击右方的小白色圆点，向左或者向右拖动即可（向左拖动为缩小，向右拖动为放大）。如图 8-7 所示。

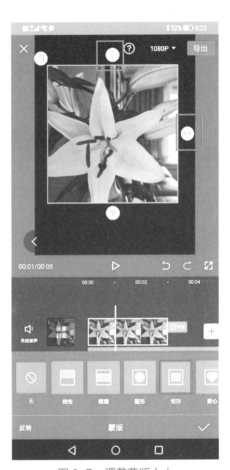

图 8-7 调整蒙版大小

8.3.2 调整羽化值

在学习如何调整羽化值之前，我们需要先了解一下什么是羽化。羽化其实是 PS（Photoshop）中的一种专业术语，是指对选区之外被遮挡的部分进行虚化，从而使选区内的画面和选区外的画面在视觉上营造出一种自然过渡的效果——从选区向外看，是由亮变暗，从选区之外向选区内看，是由暗变亮。

具体操作中，只需要用手指点击选区下方的双箭头小白圆点，向下拖动，同时观察选区外的画面的变化情况，满足需求后松开手指，点击右下角的"√"即可。如图 8-8 所示。

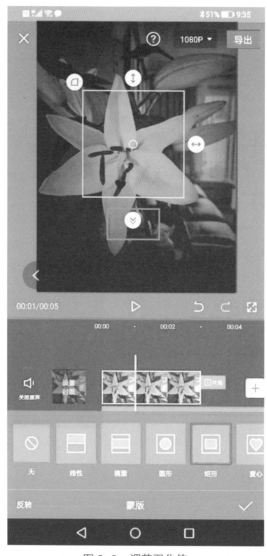

图 8-8　调整羽化值

8.3.3 调整边角弧度（圆角化）

调整边角弧度，其实就是将矩形蒙版的四个直角进行圆角化。这一功能有助于缓解视觉上棱角分明的不适感，使画面看起来更加圆润。如果将边角弧度调整到最大，可以达到近似椭圆的形状。

用手指点击矩形蒙版左上角的小白圆点，向左上方拖动，矩形蒙版的四个直角就会逐渐向圆角形状变化，调整到合适的范围，松开手指，点击右下角的"√"即可。如图 8-9 所示。

有些读者可能已经发现，我们在讲述调整边角弧度的时候，重点强调了矩形蒙版，这是因为在六种蒙版中，只有矩形蒙版具有此功能，也是因为只有矩形蒙版有直角。同时我们也不难发现，每一种蒙版在实际应用中，可以调整的范围是不一样的。

线性蒙版只可以调整羽化值、旋转角度、调整大小、反转；镜面蒙版只可以调整羽化值、旋转角度、调整大小、

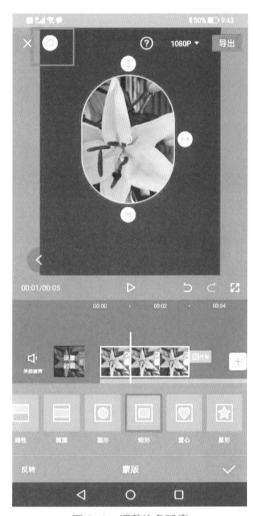

图 8-9 调整边角弧度

反转、移动位置；圆形蒙版除了不可以调整边角弧度外，其他功能都可以实现；矩形蒙版可以实现所有的蒙版功能；爱心蒙版只可以调整羽化值、旋转角度、调整大小、反转、移动位置；星形蒙版只可以调整羽化值、旋转角度、调整大小、反转、移动位置。

第九章

用剪映进行文字添加

视频中添加文字，不仅是一种旁白，也是一种很好的释义，有助于观看者对视频主旨进行深度理解，也更容易让人记住，可以大大提升视频的视觉效果、传播力度等。

9.1　文字基础操作

可能有人会认为，在视频中添加文字，就是简单地写上几行字，但剪映的添加文字功能不止于此，包括文字的样式、大小、位置、效果等都可以随心所欲地进行设置。

9.1.1　添加文字

为视频添加文字进行解读，也有着取代声音的效果。在非常安静的环境中观看视频，播放声音往往会显得有点不合时宜，如果视频设置了字幕，即使不打开声音也不影响视频的观看效果。

那么，通过剪映如何为视频添加文字呢？

第一步，点击 PC 端剪映专业版创作界面右上方的"文本"，便会弹出"新建文本"界面。如图 9-1 所示。

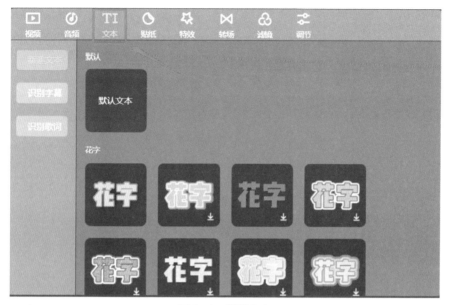

图 9-1　新建文本

第二步，将剪辑轨道上的时间线拖动到想要添加文本的时间段，点击"默认文本"右下角的"+"符号，在右边的浏览器中便会出现默认文本框。同时，在剪辑轨道时间线所处的位置也会出现默认文本框。如图 9-2 所示。

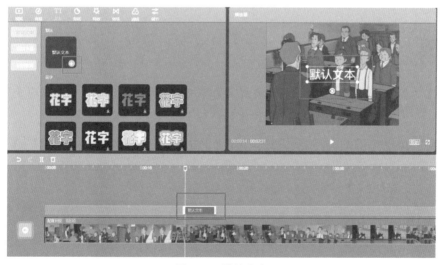

图 9-2　默认文本

第三步，在创作界面右上方"编辑"→"文本"→"默认文本"处，删除"默认文本"四个字后，即可编辑想要输入的文本。文本编辑完成后，会同时出现在播放器界面和剪辑轨道上，意味着添加文本成功。如图9-3所示。

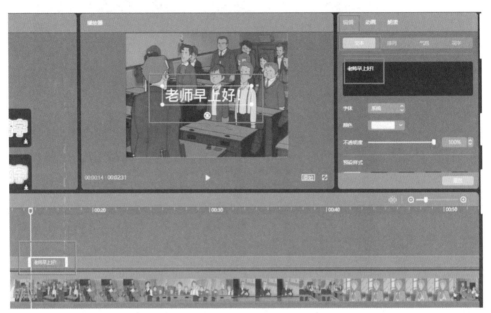

图9-3　编辑文本

9.1.2　设置文字样式及效果

文本添加完成后，如果我们发现文字的样式和效果并不理想，这时候应该怎么办呢？

其实，我们可以接着"默认文本"下面的功能进一步设置，如"编辑"→"文本"→"字体"→"颜色"→"不透明度"→"预设样式"→"描边"→"边框"→"阴影"。

我们以字体为拼音体、颜色为红、不透明度100%、预设样式无、描边颜色为黄、粗细10、边框无、阴影无为例，设置完成后的效果如图9-4所示。

图9-4　效果图

如果对于之前的文本设置不满意，可以通过点击文本编辑界面右下角的"重置"，将文本恢复至默认状态。

同时，在文本样式方面，剪映也提供了气泡和花字的文本样式，每一种样式下面又包含多种效果，我们需要根据自己的实际需求进行选择。如图9-5、图9-6所示。

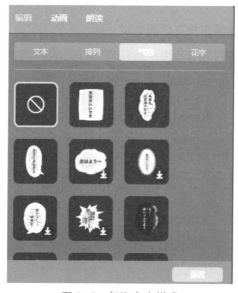

图9-5　气泡文本样式

图 9-6　花字文本样式

　添加文字动画效果

在剪映中，还提供了一种动画文本，可以使文本的效果更加生动。

点击创作界面右上方的"动画"，会出现"入场""出场""循环"三个选项，每个选项下面又包括数十种文本动画效果。我们可以选中自己喜欢的动画效果，点击其右下角的小箭头，等待下载完毕就会自动应用于所添加的文本中。同时，我们可以通过点击下面的"动画时长"后面的向上和向下的小三角以及拖动小白色方块左右移动，使动画效果变快或者放慢，时长越长，动画速度越慢，时长越短，动画速度越快。以"入场"→"爱心弹跳"→"动画时长"→"3.0s"为例，设置成功后的效果如图 9-7 所示。

图 9-7　效果图

9.1.4　调整文字间距及位置

我们可以发现，无论是设置文字样式，还是添加动画效果，文字出现的位置始终没有改变，一般是默认出现于画面的中间位置，严重影响画面质量和视觉效果。所以，接下来我们就需要通过调整文字的间距及位置，使整个画面效果更理想。

第一步，点击"编辑"→"排列"，会出现一个包括字间距、行间距、对齐的界面，点击"字间距"后面的向上和向下的小三角，可以放大或者缩小每个字体左右之间的距离，向上为放大，向下为缩小；点击"行间距"后面的向上和向下的小三角，可以放大或者缩小每行文字上下之间的距离，向上是放大，向下是缩小；点击"对齐"后面的第一个选项是横向左对齐，中间选项是横向居中，第三个选项是横向右对齐，第四个选项是竖向向上对齐，第五个选项是竖向居中，第六个选项是竖向向下对齐。如图9-8所示。

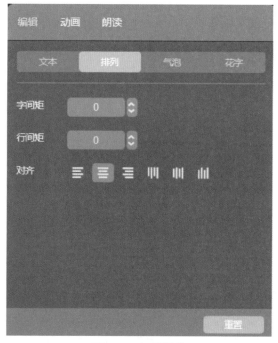

图9-8　间距调整

第二步，单击鼠标左键选择播放器界面中的文本框，可以上下左右移动，移至合适位置即可。一般来说，文本多出现于画面的下方。如图9-9所示。

图9-9　移动至画面下方的文本

其实，在文本框的下方还有一个带有旋转箭头的小白色圆点，只要用鼠标左键单击选中，即可顺时针360度旋转，可以将文本调整为任意角度。如图9-10所示。

图9-10　旋转50度文本

9.2　识别字幕（语音生成字幕）

识别字幕功能是针对有说话或者对话的视频，可以帮助我们快速地将字幕添加成功，提高了剪辑视频的效率。

第一步，添加一段有说话声音的视频素材，点击"文本"→"识别字幕"。如图9-11 所示。

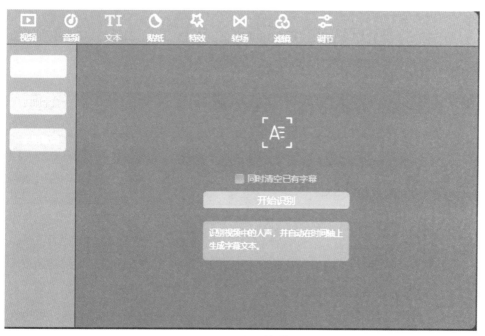

图 9-11　识别字幕

第二步，将剪辑轨道上的时间线拖动到想要识别字幕的时间段，点击上方的"开始识别"。如图 9-12 所示。

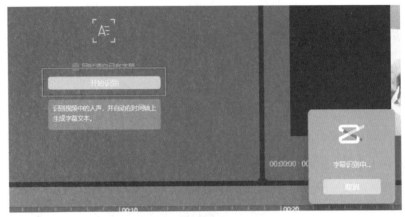

图 9-12 字幕识别中

第三步，如果在字幕识别过程中想要终止，点击"取消"即可。字幕识别成功后，会在剪辑轨道中的视频的上方显示。如图 9-13 所示。

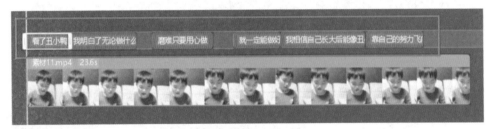

图 9-13 成功识别字幕

当然，字幕识别的正确率以及成功率取决于视频中的声音质量，如果嘈杂或者吐字不清，都会影响到最终的识别结果。同时，我们也可以发现在"开始识别"的上方有一个"同时清空已有字幕"选项，如果我们不需要已经存在的字幕，可以在"同时清空已有字幕"前面的方框中打"√"，则重新识别的字幕将替代原有字幕。这一功能其实也是为了防止重新识别的字幕与原有字幕同时出现，视觉上造成混乱感。

而且我们需要注意的一点是，在剪辑轨道视频的前面有一个喇叭形状的圆点，在识别字幕的过程中，一定要确保其是"关闭原声"状态，否则将无法识别。如图 9-14 所示。

图 9-14 关闭原声

9.3 识别歌词

剪映中的识别歌词功能与识别字幕功能其实是一样的，本质的区别就是，识别字幕的视频的音质环境要尽可能地干净，而识别歌词一般是有音乐的，所以识别的能力更高一些。

操作方法上也是比较简单，成功添加一段音乐视频后，将时间线拖动到想要识别的时间段，点击"文本"→"识别歌词"→"开始识别"，等待识别完成后，字幕便会出现在视频的上方。如图 9-15 所示。

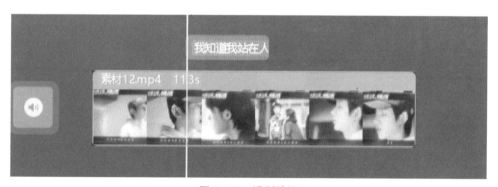

图 9-15 识别歌词

识别歌词的过程中同样需要注意，视频前面的喇叭形状的小圆点要始终处于"关闭原声"状态，而且要确保添加的视频素材是国语版。这也是因为 PC 端剪映专业版只能识别国语歌曲视频的歌词。

9.4 添加贴纸

贴纸的效果就像是在视频中突然出现的一个小插曲、小惊喜一样。如果我们想对某个画面或者视频片段抒发一下自己的感想、感情等，就可以通过贴纸去实现。

第一步，点击创作界面左上方的"贴纸"，在弹出的页面上，我们可以看到种类非常多的贴纸，包括主题、情绪、综艺、遮挡、强调、手势、手帐、挡脸猫狗、动物头像、宠物、萌娃、小可爱、美食、水果、界面、警告、Chic、手写字、季节、漫画、人脸装饰、颜值类、材质、土酷、动感、氛围、爱心、蒸汽波、真实复古、婚礼、美妆、简单色块、奶油花花、潮酷涂鸦、口红涂鸦、涂鸦动物园、白色线条、彩色线条、韩风描线、音乐线条、Plog、边框，而且每一种贴纸素材里面又包含有数十种不同的贴纸效果。如图 9-16 所示。

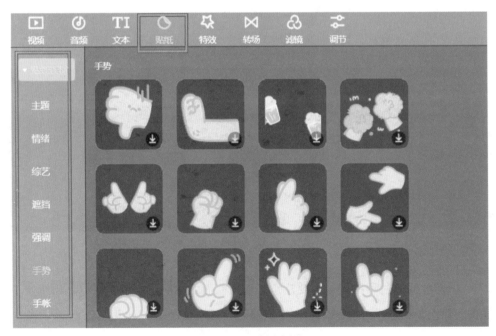

图 9-16 贴纸素材

第二步，在剪辑轨道上将时间线拖动到想要添加贴纸的时间段，然后点击选中的贴纸右下角的小箭头，等待下载完毕，点击右下角的"+"符号即可。如图9-17所示。

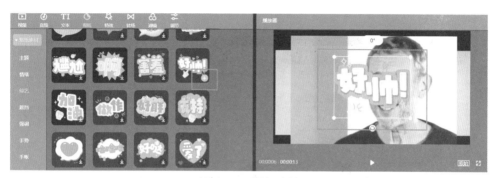

图9-17　添加贴纸

第三步，单击鼠标左键选择贴纸边框四个角的小白圆点，可以调整其大小；点击边框内部任意位置，可以实现左右上下位置的移动；点击边框下面的带有旋转箭头的小白圆点，可以实现贴纸的360度旋转。如图9-18所示。

图9-18　贴纸大小、位置、角度的调整

第四步，点击创作界面右上角的"动画"，可以对贴纸进行入场、出场、循环的动画效果设置，以及通过点击下方的"动画时长"，对贴纸的动画效果的播放速度进行快慢调整。如图 9-19 所示。

图 9-19　贴纸动画效果

第十章

用剪映进行音频处理

在视频剪辑过程中进行音频处理的主要目的是通过添加音乐、音效、录音，并对音频进行分割、删减、淡化、变声等，从而满足音质降噪、音量均衡的需求。

10.1 添加音乐

仅从当下流行的视频形式中，不难发现一段好的视频不仅要满足视觉效果，也要满足听觉效果。换句话说，一段精彩的视频必须有非常契合的背景音乐做支撑。例如，一段动人的视频，再配上一首伤感的音乐，往往更容易使人感同身受。

那么，在剪映中如何为视频添加背景音乐呢？

10.1.1 在乐库中添加音乐

PC端剪映专业版中带有丰富的音乐库，包括旅行、美食、美妆、萌宠、游戏、伤感、时尚、清新、治愈等，可以说能够满足各种场景视频的需求。具体的添加流程如下：

第一步，成功添加视频素材后，点击创作界面左上方的"音频"→"音乐素材"，下拉可以看到各种音乐素材。如图10-1所示。

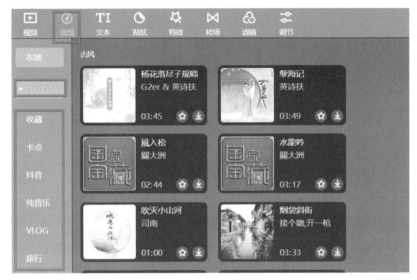

图 10-1　音乐素材

第二步，在音乐素材下拉列表中选择一种合适的音乐风格并点击，从右侧弹出的音乐中选择一首合适的音乐，点击右下角的小箭头，等待下载完成后，点击"+"符号，即可完成音乐的添加。如图 10-2、图 10-3、图 10-4 所示。

图 10-2　选择音乐素材

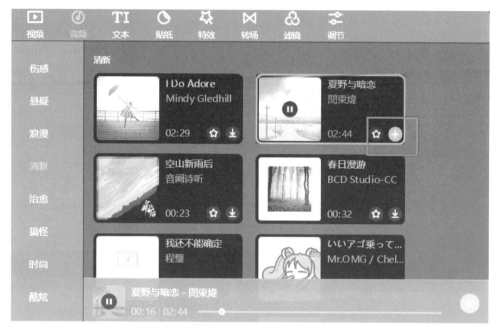

图 10-3　添加音乐素材

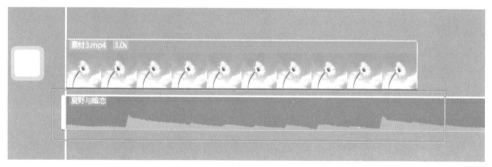

图 10-4　成功添加音乐素材

　　需要注意的是，剪辑轨道上的时间线会决定所添加的音乐从什么时间开始。也就是说，如果时间线不是处于视频的片头，而是处于时长 1 秒位置，那么添加的音乐便从这里开始播放，所以我们要注意时间线所处的位置是不是我们想要添加音乐的视频片段。如图 10-5 所示。

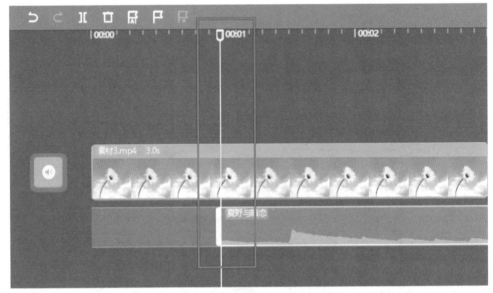

图 10-5　1 秒时间段添加的音乐素材

10.1.2　同步抖音中的音乐

除了音乐库中有大量的音乐素材可供选择之外，PC 端剪映专业版也提供了抖音里面比较火的音乐素材。对于想要发抖音的人来说，这简直就是一个小惊喜，完全有一种"踏破铁鞋无觅处，得来全不费工夫"的感觉。

点击"音频"→"抖音收藏"，在弹出的多首音乐中选择合适的音乐并点击右下角的小箭头，等待下载完成，再点击右下角的"+"符号，即可完成添加。如图 10-6 所示。

图 10-6　添加抖音音乐

10.1.3　导入本地音乐

如果我们在剪映提供的音乐库中没有找到合适的音乐素材，也可以导入本地音乐（就是自己收藏的比较喜欢的音乐），然后将其添加到视频中。

第一步，点击"音频"→"本地"→"导入素材"，在弹出的本地文件夹中，找到自己喜欢的音乐，选中并点击右下角的"打开"，即可将选中的音乐素材导入到剪映中。如图 10-7、图 10-8 所示。

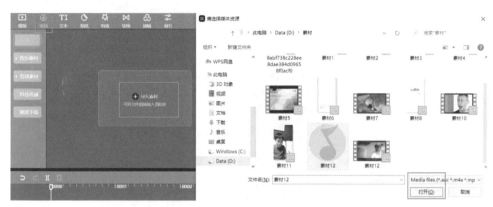

图 10-7　本地素材

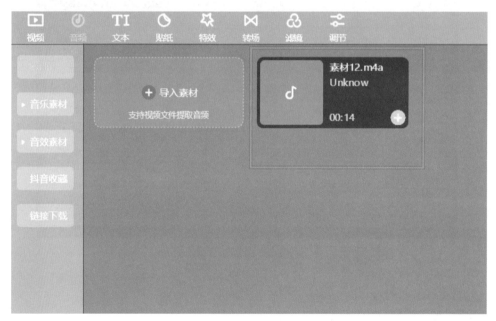

图 10-8　成功导入本地音乐素材

第二步，点击导入的本地音乐素材右下角的"+"符号，便会完成本地音乐素材的添加。如图 10-9 所示。

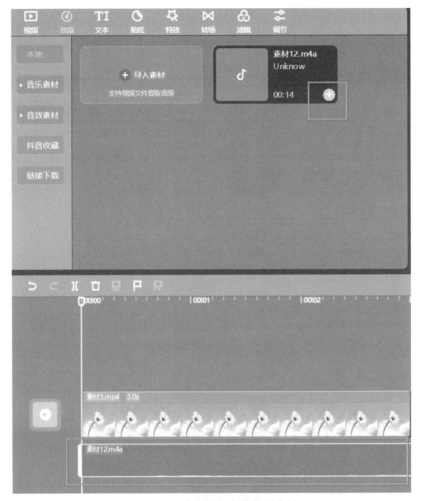

图 10-9 成功添加本地音乐素材

10.1.4 通过链接导入音乐

通过链接导入音乐，是指我们不仅在剪映的音乐库中没有找到合适的音乐素材，而且在自己的电脑中也没有收藏任何音乐素材，抑或是电脑中也没有自己喜欢的音乐素材，就可以通过粘贴抖音或者其他平台分享来的视频或者音乐链接，将其添加到自己的视频当中。

第一步，打开百度（可以随意找其他的音乐平台，我们这里以搜索为例），输入一首歌曲（无期）的名称，点击"百度一下"，在弹出的页面中找到这首歌并点击打开链接，复制链接。如图 10-10、图 10-11 所示。

图 10-10 搜索"无期"

图 10-11 复制音乐链接

第二步，点击剪映创作界面上方的"音频"→"链接下载"，在右侧上方的黑色条框内粘贴音乐链接。如图 10-12 所示。

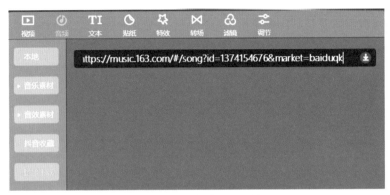

图 10-12　粘贴音乐链接

第三步，点击链接后面的小箭头，等待下面出现已下载的音乐素材，再点击其右下角的"+"符号，即可将音乐素材添加到视频中。如图 10-13 所示。

图 10-13　成功添加链接下载音乐素材

10.1.5　提取视频中的音乐

提取视频中的音乐是针对手机端剪映 APP 设置的，也就是说 PC 端剪映专业版无法完成这种操作。

第一步，在手机端剪映 APP 中成功添加一段视频素材，在剪辑轨道上的视频下方有一个"添加音频"按钮。如图 10-14 所示。

图 10-14　添加音频

第二步，点击"添加音频"，在下面出现的选项中找到"提取音乐"并点击。如图 10-15 所示。

图 10-15　提取音乐

第三步，点击"提取音乐"，界面会自动弹出手机内下载过的所有视频片段（如果手机上没有，可以尝试从抖音下载视频提取音乐），选中想要提取的视频，点击下方的"仅导入视频的声音"。如图 10-16 所示。

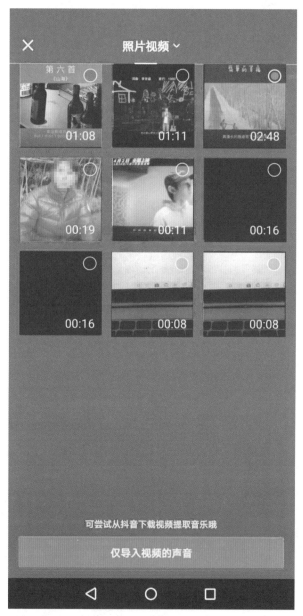

图 10-16　选择导入视频

第四步，导入的视频的声音会出现在剪辑轨道上的视频的下方，点击播放按钮可以进行试听。如图 10-17 所示。

图 10-17　试听导入声音

10.2 添加音效、录音

音效不同于音乐。音乐可以是一首歌曲，也可以是单纯的乐器演奏，而音效是指由声音所制造的效果，是为增进某个场面的真实感、气氛等，而加于声带上的杂音或声音。换句话说，音效就是对视频中的某种动作、表情或者现象，通过声音的模拟发出的声响，可以提高观看者对这种动作、表情或者现象的关注度，提高吸引力。例如，对某件事情表现出来的吃惊而发出的"啊"，就是一种音效。

剪映中为我们提供了多种音效素材，包括收藏、综艺、笑声、机械、BGM、人声、转场、游戏、魔法、打斗、美食、动物、环境音、手机、悬疑、乐器、交通、生活、科幻、运动，而且每一种音效素材中又包含多种音效模式。

点击创作界面上方的"音频"→"音效素材"，根据自己的视频主旨或者意境选择一种合适的音效素材并点击，在右侧的多种音效模式中选择合适的音效，点击右下角的小箭头，等待下载完成，点击"+"符号，即可完成音效的添加。如图 10-18 所示。

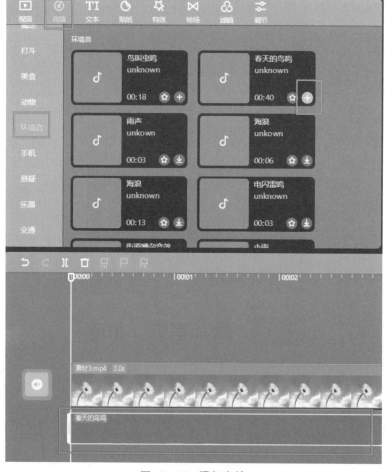

图 10-18　添加音效

其实，在手机端剪映 APP 中，还可以通过录音为视频进行音频设置，方便在素材库中找不到合适的音乐、音效的时候，进一步满足添加喜欢的音效的需求。相对来说，录音功能更加方便、自主，而且选择音效的范围也得到了进一步的扩大。

第一步，在手机端剪映 APP 中成功添加需要进行音频处理的视频素材，点击剪辑轨道上的视频下方的"添加音频"，在下面出现的选项中找到"录音"并点击。如图 10-19 所示。

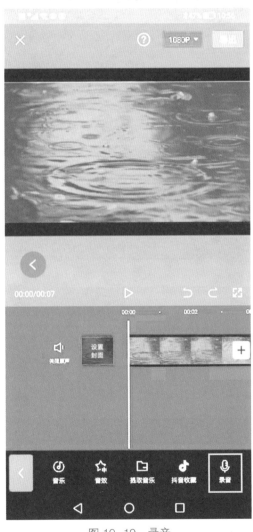

图 10-19　录音

第二步，结合视频场景、主旨以及意境，点击"按住录音"上面的红色圆点，即可录制相关的音频，可以是读白，可以是歌曲，也可以是音效，只要与视频契合即可。如图 10-20 所示。

图 10-20　录制音频

第三步，录制完成后，点击右下角的"√"，按住录音界面便会消失，代表录音完成。如图 10-21 所示。

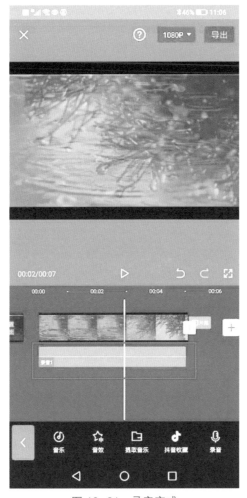

图 10-21　录音完成

10.3　音频操作

无论是在为视频添加音乐还是添加音效，抑或是在录音过程中，都会遇到一些问题，比如添加的音乐时长大于视频时长，音效添加后又感觉不合适等。这些问题应该怎么解决呢？

10.3.1 分割、删除音频

分割与删除音频不仅可以让音频的时长等于视频的时长，也可以让音频出现在视频的某个时间段，甚至可以只保留自己想要的音频片段。

具体操作方法如下：

第一步，将音频上的时间线移动到想要切割的位置（这里指的是已经成功添加音频后的操作）。我们以音频时长与视频时长等同为例。如图 10-22 所示。

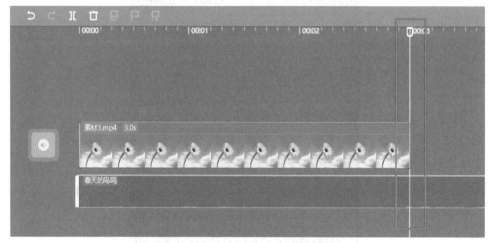

图 10-22　移动时间线

第二步，点击上方的"分割"按钮，音频便被分割成了两部分，我们用圆圈 1和圆圈 2 进行标识。如图 10-23 所示。

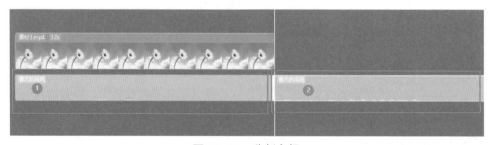

图 10-23　分割音频

第三步，单击鼠标左键选择第二段音频，使其处于被选中状态，点击上方的"删除"按钮，就会留下一段与视频时长相等的音频片段，也就是被分割的第一段音频片段。如图 10-24、图 10-25 所示。

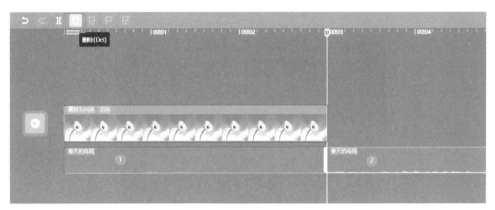

图 10-24 删除第二段音频片段

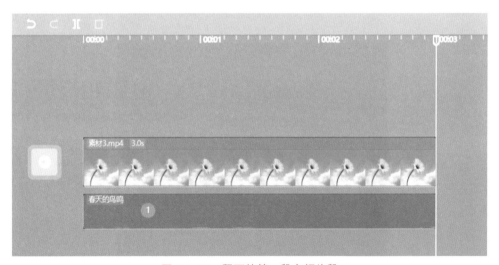

图 10-25 留下的第一段音频片段

10.3.2 复制音频

在剪辑视频的过程中，如果想要在同一个视频素材中再添加一种相同的音效或者音乐，是不是应该按照第一次添加音效或者音乐的流程再操作一遍呢？答案是否定的。因为在手机端剪映 APP 中，有一种功能叫"复制"，只需一步即可完成再次添加相同的音效或者音乐。

点击已经成功添加的音频使其处于被选中状态，在下面出现的选项中找到"复制"并点击，即可实现同一种音频的第二次添加。如图 10-26 所示。

图 10-26　复制音频

10.4　音频调整

在上述内容中，虽然我们讲述了如何添加各种音频，以及如何分割、删除、复制音频，但对于质量较高的视频来说，这样的音频效果根本达不到理想状态，如噪音的存在，就会使视频效果大打折扣。

那么，我们应该怎么办呢？

10.4.1　淡化处理

如果我们添加的音频的开头和结尾都不是很理想，比如仓促或者突兀，直接应用的话会影响视频的观看效果，那么就可以通过淡化处理，让开头淡入，让结尾淡出，从而把影响降到最低。

第一步，单击鼠标左键选择添加到剪辑轨道上的音频素材，使其处于选中状态。如图 10-27 所示。

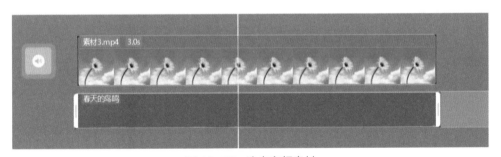

图 10-27　选中音频素材

第二步，点击创作界面右上角的"音频"→"基本"，再点击下面的淡入时长和淡出时长后面的向上或者向下的小三角，也可以通过拖动淡入时长和淡出时长后面的小白色方块调整时长。

我们以淡入时长 1 秒，淡出时长 1 秒为例。如图 10-28、图 10-29 所示。

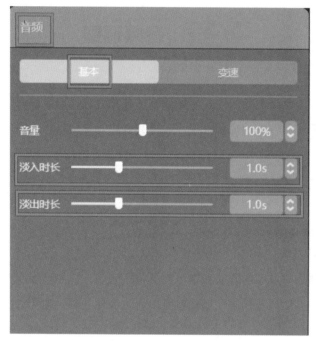

图 10-28　淡化

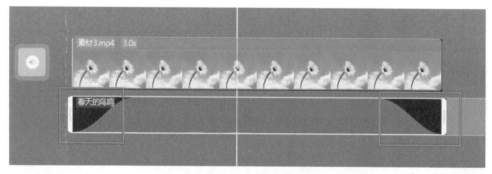

图 10-29　淡入与淡出的音频

其实，在进行音频的淡化处理过程中，也可以同时对音量的大小进行调节。一般会默认添加的音频素材的原有音量大小，也就是 100%，我们可以根据剪辑视频的需求放大或者减小。

点击创作界面右上角的"音频"→"基本"，再点击音量后面的向上或者向下的小箭头，也可以通过拖动音量后面的小白色方块向左或者向右移动，实现音量大小的调节。如图 10-30 所示。

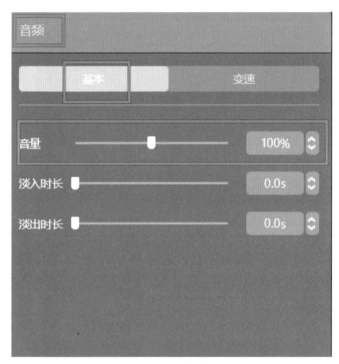

图 10-30 调整音量

10.4.2 变速处理

变速处理，可以让音频素材的播放速度加快或者放慢。一般在意境比较轻松的视频中可以放慢音频的播放速度，而在比较有激情的视频中适合加快音频的播放速度。

具体的调整方法是，当剪辑轨道上的音频素材处于被选中状态时，点击创作界面右上角的"音频"→"变速"，再点击"倍数"后面向上或者向下的小三角，再或者拖动小白色方块就可以调整播放速度的快慢。如图 10-31 所示。

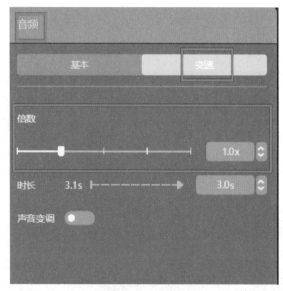

图 10-31　变速

值得注意的是，随着倍数的增大，音频的播放时长会缩短，相反，随着倍数的减小，音频的播放时长会延长。如图 10-32、图 10-33 所示。

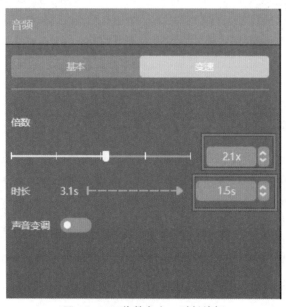

图 10-32　倍数变大，时长缩短

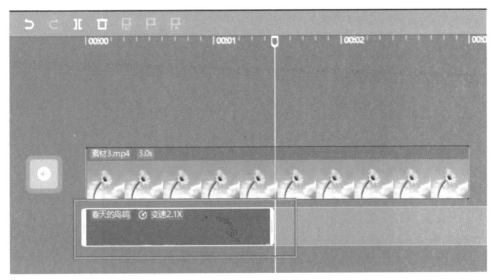

图 10-33　音频时长与倍数的变化

如果想要在倍数变大的情况下，使音频的时长不变，可以点击音频后面的白色竖条向右拖动至合适的时长即可。如图 10-34 所示。

图 10-34　倍数不变，时长延长

10.4.3 变声处理

当我们对原有的音频素材的声音效果不是很满意的时候，就可以进行变声处理。依然是在剪辑轨道上的音频素材处于被选中状态时，点击创作界面右上角的"音频"→"变速"，再点击下面的"声音变调"。如图 10-35 所示。

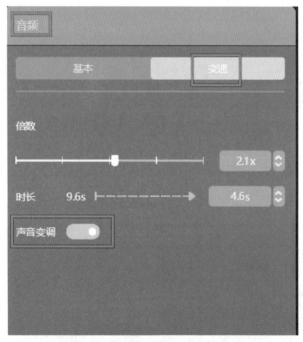

图 10-35　变声处理

10.4.4 踩点处理

如果我们使用的是手机端剪映 APP 的话，对于音频的处理，还可以进一步深入操作，如通过踩点处理，找到音频的节奏点对视频画面进行填补，让视频的画面与音频的重音节奏点同步，使视频的画面随着音频节奏的变化而变化。

第一步，点击添加到剪辑轨道上的音频素材，使其处于被选中状态，下方会自动弹出"踩点"选项。如图 10-36 所示。

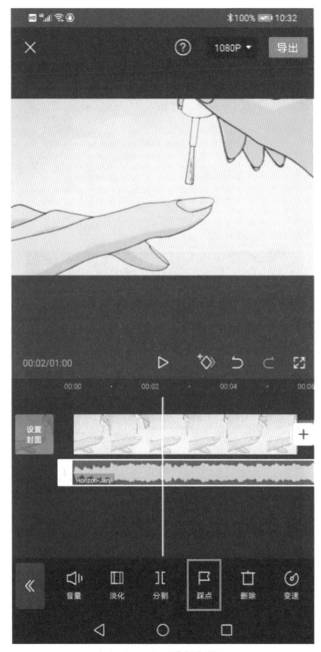

图 10-36 踩点选项

第二步，点击"踩点"，便会自动弹出踩点界面。如图 10-37 所示。

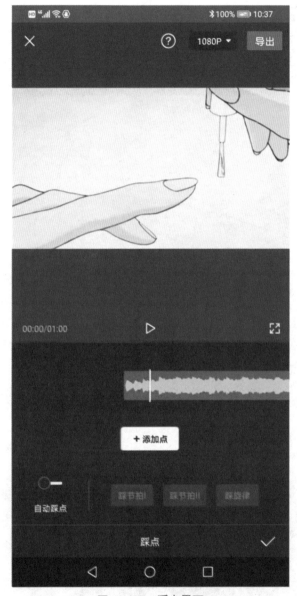

图 10-37　踩点界面

　　第三步，点击"自动踩点"，即可在"踩节拍Ⅰ""踩节拍Ⅱ""踩旋律"三种模式中任意选择一种，选中后点击。如果音频素材中出现了间距不等的小黄色圆点，证明踩点成功，点击右下角的"√"，即可成功应用。如图 10-38 所示。

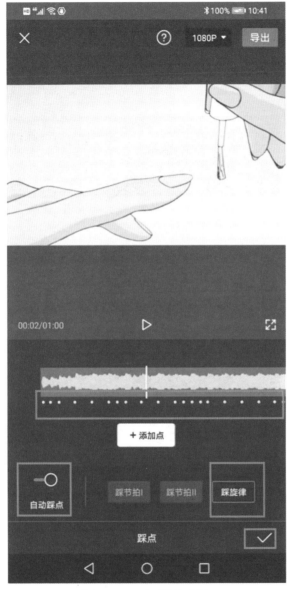

图 10-38　自动添加踩点

其实，我们在踩点界面上可以看到有一个"+添加点"选项，这是与"自动踩点"相对应的一个功能，也就是说可以通过手动踩点。在不选择自动踩点的情况下，我们首先将时间线拖动到想要踩点的位置，然后每点击一次"+添加点"就会在音频素材上对应的时间线下方出现一个小黄色圆点。如果想要删除，或者踩点的时间线不对，都可以将时间线重新移动到黄色小圆点的上方，当"+ 添加点"变成"－删除点"时，每点击一次，即可删除一个踩点。设置完成后同样需要点击右下角的"√"。如图 10-39 所示。

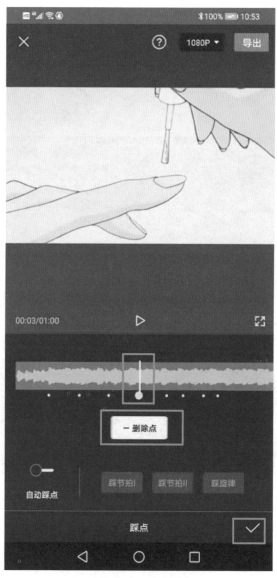

图 10-39　手动踩点

　降噪处理

降噪处理非常容易理解，即让音频的环境和声音更加清晰和干净，而且操作起来也比较简单。

当视频素材和音频素材都成功添加到剪辑轨道上后，点击下方的"剪辑"，在弹出的众多选项中向左滑动找到"降噪"并点击。在弹出的降噪界面上点击"降噪开关"，即可进行自动降噪处理，最后点击右下角的"√"便可成功应用。如图 10-40、图 10-41 所示。

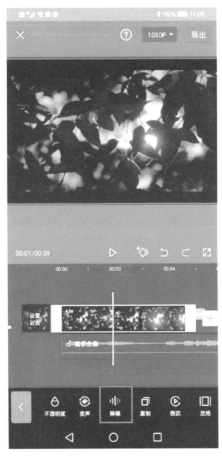

图 10-40　降噪选项

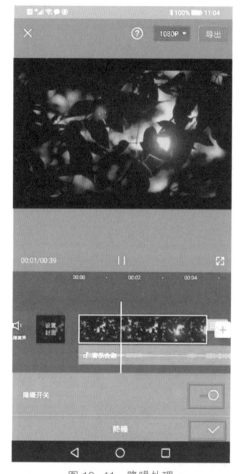

图 10-41　降噪处理

10.4.6　原声处理

原声处理的主要目的是为了防止视频原有的音乐或者音效等音频素材对重新添加的音频素材的音质造成影响，而对视频素材的音效进行关闭。

我们只需要点击成功添加到剪辑轨道上的视频素材前面的"关闭原声"，就可以将视频素材中的所有声音关闭。再次点击"开启原声"，视频素材中的原有声音便会重新开启，如图 10-42 所示。也就是说，关闭原声并不会删除原声。

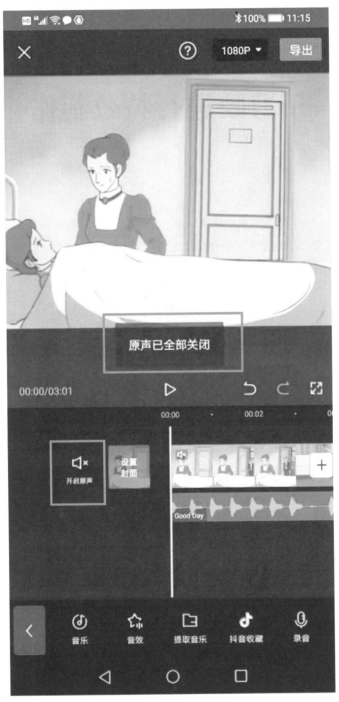

图 10-42 关闭原声

第十一章
用剪映进行特效制作

视频特效也就是特技效果，比较学术一点的叫法是"人工制造出来的假象和幻觉"，类似"音效"，也是模拟某种动作或者现象，将其添加到视频中，以达到更加扣人心弦的视觉效果。

11.1　特效操作

剪映中为我们提供了大量的视频特效，不仅自带了基础特效，如鱼眼、咔嚓、聚光灯、手电筒、色差、噪点、柔光、轻微放大等，而且还有动感、复古、氛围、爱心、漫画、自然、边框、分屏、Bling、光影、纹理等流行特效，每一种特效又可以分为数十种更加细致的特效。

我们无论是想制作转场特效，还是动感炫光特效，抑或是制作好莱坞特效，都可以自由搭配、随意发挥、一键渲染，快速为视频营造出一种流行酷炫的效果。

11.1.1　添加特效

当视频时代已经悄然而至，手机拍摄视频或者是给自己喜欢的人、动物、景物制作一些视频已经见怪不惊，但更多时候我们并不满足于此，而是想要进一步为视频增加一些特效。

接下来，我们就讲述一下如何运用 PC 端剪映专业版添加特效。

第一步，我们需要导入视频素材，并将其成功添加到剪辑轨道上（具体的操作方法我们之前已经讲过，这里不再赘述）。其次，点击创作界面左上方的"特效"→"特效效果"，在下面弹出的各种特效效果中选择合适的特效并点击。如图 11-1 所示。

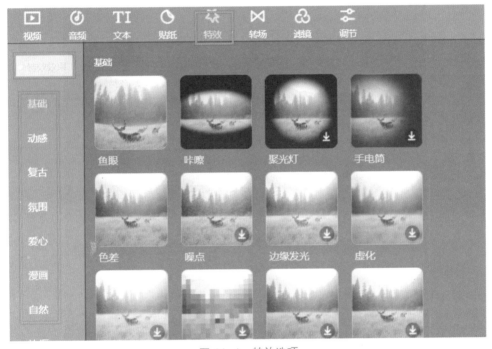

图 11-1　特效选项

第二步，在右侧弹出的更加细分的特效效果中选择合适的特效，点击选中的特效的右下角的小箭头，等待下载完成后，点击"+"符号即可完成特效添加。如图 11-2、图 11-3 所示。

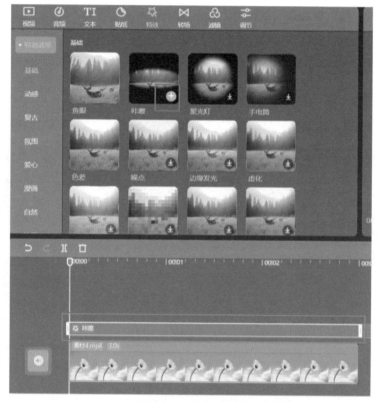

图 11-2　添加特效

图 11-3　添加特效后的效果图

11.1.2 删除特效

如果我们对于添加完成的特效不满意，可以通过删除特效的方式重新进行添加。

单击鼠标左键选择已经添加的特效，使其处于被选中状态，再点击左上方的"删除"按钮，即可删除选中特效。如图 11-4 所示。

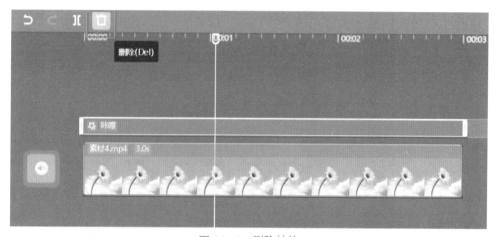

图 11-4　删除特效

11.1.3 新增特效

一般来说，一段视频中往往不止一种特效，因为多种特效渲染的视频效果更佳，那么就需要我们在一段视频中添加多种特效。但是在 PC 端剪映专业版中需要重复操作"添加特效"的流程，比较烦琐，而在手机端剪映 APP 中，却可以一键完成。

第一步，成功添加视频素材后，点击下方选项中的"特效"；会自动弹出特效界面。如图 11-5 所示。

图 11-5　手机端剪映 APP 特效选项

第二步，在特效界面中，选择合适的特效效果，点击右上方的"√"即可完成特效添加。如图 11-6、图 11-7 所示。

图 11-6　选择特效

图 11-7 成功添加特效

第三步，点击添加成功的特效，使其处于没有被选中的状态，下面会自动出现"新增特效"选项。点击"新增特效"，在弹出的特效界面中选择合适的特效效果，点击右上方的"√"即可。如图 11-8、图 11-9 所示。

图 11-8　新增特效选项

图 11-9　成功新增特效

对于新增特效，其实也可以理解为多种特效的同时应用。将不同的特效效果自由搭配在一起，可以展现更加独特的视频效果。

11.1.4　复制特效

在手机端剪映 APP 中，除了新增特效的操作比较方便之外，复制特效也很简单，可以帮助我们在一段视频素材中快速应用同样的特效效果。

在已经成功添加特效的界面，选中需要复制的特效，点击下面的"复制"，即可完成同一特效的快速添加。如图 11–10 所示。

图 11–10　复制特效

11.1.5 替换特效

当然，手机端剪映 APP 中的替换特效功能，也是 PC 端剪映专业版中不存在的。这一功能可以帮助我们快速地将不合适的特效效果替换为我们喜欢的特效效果，而且不需要经过删除、再添加这样的流程步骤。

点击已经添加成功的特效效果，使其处于被选中状态，点击下方的"替换特效"，即可转入特效效果选择界面，重新选择合适的特效，点击右上角的"√"即可。如图 11–11、图 11–12 所示。

图 11–11　替换特效选项

图 11-12　成功替换特效

11.2　特效调整

　　无论是添加特效，还是复制、替换特效，完成操作后，特效基本都是出现在时间线所在的位置。也就是说，特效开始应用的视频片段是时间线所处位置，而且从上述内容中也可以发现，特效只是应用于某个片段，只作用于某个对象，而不是完整的视频。这也是在使用特效功能时让人比较烦恼的。

那么，我们应该如何化解呢？

11.2.1 调整特效时长

其实，特效的时长也可以进行调整，从而可以应用于更长的视频片段或者是整个视频。

单击鼠标左键选择已经成功添加的特效效果，然后点击特效片段前面或者后面的小白条，左右拖动，即可实现特效时长的调整。

我们以"分屏"特效的"四屏"为例，先将特效应用于整个视频，无论如何拖动时间线，每个时间段的画面都是四屏效果。如图 11-13 所示。

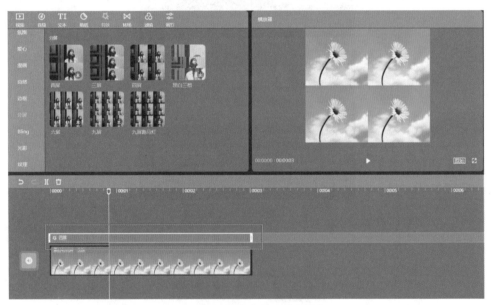

图 11-13 特效应用于整个视频

如果我们缩短特效时长，将其应用于某个视频片段，那么只有在时间线经过特效所在的时间段的画面时，才显示四屏效果。如图 11-14、图 11-15 所示。

图 11-14 时间线不在特效所应用视频片段

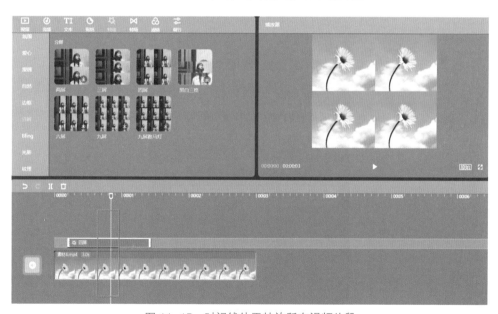

图 11-15 时间线处于特效所在视频片段

11.2.2 调整特效作用对象

调整特效作用对象是手机端剪映 APP 特有的功能，通过对此功能的设置，可以帮助我们将特效应用于全局或者主视频。

第一步，点击已经成功添加的特效片段，使其处于被选中状态，点击下方的"作用对象"，便会自动弹出作用对象界面。如图 11-16 所示。

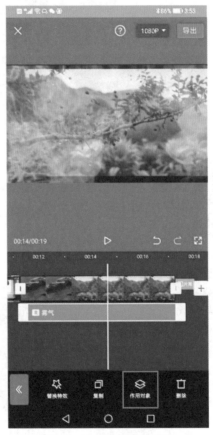

图 11-16　作用对象选项

第二步，在作用对象界面，选择特效效果需要应用的对象——全局或者主视频，然后点击右下角的"√"即可。如图 11-17 所示。

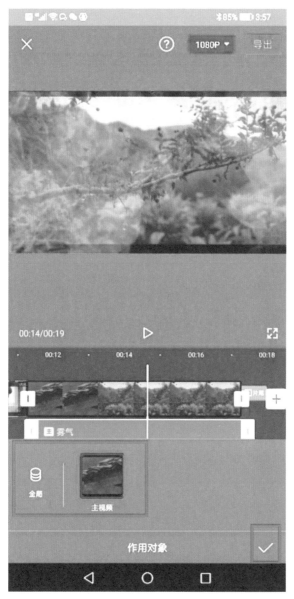

图 11-17　选择作用对象

附　录

PC 端剪映专业版操作快捷键

快捷组合键	实现功能
Back	删除
Ctrl + B	分割
Shift + Ctrl + Z	恢复
Ctrl + C	复制
Ctrl + V	粘贴
Ctrl + +	轨道放大
Ctrl + −	轨道缩小
Ctrl + J	手动踩点
Ctrl + F	全屏 / 退出全屏
Ctrl + N	新建草稿
Ctrl + I	导入本地素材
Ctrl + E	进入导出界面
Ctrl + Q	退出剪映